AF666080

Lüder Alexander Kahrs

Bildverarbeitungsunterstützte Laserknochenablation am humanen Felsenbein

Bildverarbeitungsunterstützte Laserknochenablation am humanen Felsenbein

von
Lüder Alexander Kahrs

Scientific Publishing

Dissertation, Universität Karlsruhe (TH)
Fakultät für Informatik, 2009
Tag der mündlichen Prüfung: 12. Februar 2009

Impressum

Karlsruher Institut für Technologie (KIT)
KIT Scientific Publishing
Straße am Forum 2
D-76131 Karlsruhe
www.uvka.de

KIT – Universität des Landes Baden-Württemberg und nationales
Forschungszentrum in der Helmholtz-Gemeinschaft

KIT Scientific Publishing 2009
Print on Demand

ISBN 978-3-86644-458-4

Bildverarbeitungsunterstützte Laserknochenablation am humanen Felsenbein

zur Erlangung des akademischen Grades eines

Doktors der Ingenieurwissenschaften

von der Fakultät für Informatik
der Universität Fridericiana zu Karlsruhe (TH)

genehmigte

Dissertation

von

Lüder Alexander Kahrs

aus Bremen

Tag der mündlichen Prüfung: 12.2.2009

Erster Gutachter: Prof. Dr.-Ing. H. Wörn

Zweiter Gutachter: Prof. Dr. med. J. Schipper

Kurzdarstellung der Dissertation

In der vorliegenden Dissertation wird sich mit einer mikrochirurgischen Fragestellung beschäftigt, die das Ziel hat, eine bildbasierte Regelung während des laserbasierten Knochenabtrages zur Grenzflächenerhaltung am Innenohr einzusetzen. Dabei stehen der Aufbau des dazu benötigten Systems (Hard- und Software), Bildverarbeitungsalgorithmen für die Grenzflächenerkennung, Planung, Simulation und Modellierung des mikrochirurgischen Knochenabtrages sowie die experimentelle Verifikation im Vordergrund. Erstmalig wurde eine systematische dreidimensionale Vermessung zur Modellierung der mikrochirurgischen Laserknochenablation durchgeführt. Die mit dieser Arbeit möglich gewordene minimal-traumatische Cochleostomie (mikrochirurgische Eröffnung des Innenohrs) ist ein wichtiger Schritt zur bestmöglichen Versorgung von Schwerhörigen mit Cochleaimplantaten (Erhalt des Restgehörs).

English abstract

This doctoral thesis concentrates on microsurgical challenges, with the aim to establish image based control during laser bone ablation in order to preserve tissue boundaries in the inner ear. The main focus is laid on the development of the required system (hardware and software), image processing algorithms for the detection of boundary layers, planning, simulation and modeling of the microsurgical bone removal as well as the experimental verification. The systematic three-dimensional measurement for modeling of the microsurgical laser bone ablation was assessed for the first time. In the course of this doctoral thesis minimal-traumatic cochleostomy (microsurgical opening of the inner ear) became feasible. This is an important step towards best possible care for hearing impaired patients with cochlear implants (preservation of residual hearing).

Wichtig ist, dass man nicht aufhört zu fragen.

Albert Einstein

Danksagung

Bevor ich einzelnen Personen danke, möchte ich allen denjenigen danken, die zum Erfolg dieser Arbeit beigetragen haben bzw. auf meinem bisherigen Lebensweg an mich oder meine Visionen geglaubt haben.

Prof. Heinz Wörn danke ich besonders für seine großzügige Unterstützung als Chef. Mein breites Interesse an unterschiedlichsten Themen hat ihm sicherlich einiges an Geduld als Doktorvater abverlangt. Prof. Jörg Schipper danke ich für die Übernahme des Koreferats, sowie für die Möglichkeit in seiner Klinik Erfahrungen innerhalb meiner Postdoc-Zeit sammeln zu können.

Jörg Raczkowsky danke ich für sein Vertrauen in mich und seine bestärkende Art auch außerhalb der direkten Projektarbeit wissenschaftliche Erfahrungen sammeln zu können. Harald Hoppe gebührt ein großes Dankeschön für seine Bereitschaft mich in die Grundzüge der computerassistierten Chirurgie und in sein System der Projektorbasierten Erweiterten Realität einzuarbeiten. Thomas Klenzner danke ich für sein großes Interesse an meinen Forschungsergebnissen bezüglich der Lasercochleostomie.

Martin Werner und Felix Knapp danke ich für die großen Hilfestellungen aus ihren jeweiligen Fachrichtungen in unserem gemeinsamen interdisziplinären Projekt, aus dem diese Dissertation schlussendlich entstand. Während meiner Zeit als wissenschaftlicher Mitarbeiter am IPR habe ich außerdem besonders gerne mit Matthias Riechmann, Markus Mehrwald, Sebastian Schulz, Suei Jen Chen, Matteo Ciucci und Michael Aschke, sowie mit den externen Kooperationspartnern Georg Eggers und Gunther Sudra zusammengearbeitet; ich danke ihnen allen sehr. Gleiches gilt besonders für Hayo Knoop, dem ich zusätzlich für die kritische Durchsicht meiner Arbeit danke. Für die gute Grundstimmung in unserem Doppel-Büro danke ich Oliver Schorr, Helge Peters, Annika Wörner, Christoph Schönfelder und Chiu-Chun (Mathew) Ngan.

Ein liebes Dankeschön geht an meine geduldsamen, langjährigen Wegbegleiter Axel Brandt, Timm Reinstorf, Gunda Siemssen und Arne Gust sowie meinem gesamten Freundeskreis für ihr Verständnis, dass während der Promotion wenig Zeit für alles andere blieb.

Meinen lieben Eltern, Margret und Ernst Kahrs, danke ich für ihre unaufhörliche Unterstützung und ihr ständiges Interesse an den Inhalten meiner Arbeit, sowie für das unermüdliche Lektorat.

Meiner Freundin Jessica Burgner danke ich für jeden gemeinsamen Tag und freue mich auf unendlich viele weitere. Zusätzlich zu ihrer Liebe danke ich ihr für die vielen fachlichen Diskussionen und Hilfestellungen, die zum Erfolg dieser Arbeit sehr beigetragen haben.

Danke!

Lüder Alexander Kahrs

Inhaltsverzeichnis

1 Einleitung

1.1 Motivation

Chirurgische Eingriffe am Innenohr erfordern vor allem dimensionsbedingt viel Geschick und Erfahrung der behandelnden Ärzte. Sowohl visuelle als auch manipulatorische Grenzen des menschlichen Auflösungsgrenzen werden bei dieser Interventionsart oft erreicht bzw. überschritten und bedürfen technischer Unterstützung.

Beim Setzen eines Innenohrimplantates für die elektrische Stimulation des Hörnervs müssen die Chirurgen durch einen sehr begrenzten Zugangskorridor im Felsenbein den härtesten Knochen des Menschen bearbeiten. Diese Operation hat heutzutage einschließlich der Neben- und Nachwirkungen nicht die Erfolgsquote, die sich Ärzte und Patienten wünschen. Konventionell wird als einer der letzten Operationsschritte die Gehörschnecke (Cochlea) mit einem Bohrer eröffnet und eine Elektrode zur Stimulation des Gehörnervs eingeführt.

Wird dieser Bohrkanal (Cochleostomie) genauer betrachtet, muss auf der Außenfläche der Gehörschnecke (Promontorium) der Bohrer mit Präzision positioniert werden. Noch wichtiger ist der Zielpunkt im Inneren der Cochlea. Dort befinden sich mehrere durch Membrane getrennte Bereiche, von denen sich einer als besonders geeignet hinsichtlich der elektrischen Stimulation erwiesen hat. Daraus folgt, dass Position und Richtung der Bohrung nur innerhalb eines sehr kleinen Bereichs variiert werden können.

Wurden ein optimaler Zielpunkt und eine optimale Bohrrichtung bestimmt, schließt sich eine weitere Herausforderung an: Der Erhalt einer häutigen Membran, die auf der Knocheninnenseite an selbiger anliegt. Während der Entfernung des Knochenmaterials am Promontorium ist diese Membran durch den Bohrer gefährdet und sollte während des Fräsvorgangs nicht zerstört werden. Deren Erhalt bis kurz vor dem eigentlichen Einführen des Implantats ist für das Verhindern des Auslaufens der Flüssigkeitsfüllung der Cochlea und der damit verbundenen Reduzierung des Infektionsrisikos unbedingt anzustreben. Damit wird die Tiefe der Bohrung ein auf wenige Mikrometer zu bestimmender Parameter. In Abbildung 1.1 ist der Verlauf einer konventionellen Eröffnung der Cochlea für das Setzen eines Innenohrimplantates dargestellt.

Daher wird für die Cochleostomie von chirurgischer Seite eine verbesserte Operationsmethode für atraumatische, nachhaltig komplikationslose und reproduzierbare Eingriffe gefordert. Diese Prämisse stellt eine neue Herausforderung für die Medizintechnik dar und führt zu computerunterstützten Verfahren im Bereich der navigierten Chirurgie.

1.2 Problemstellung

Die Bestimmung der exakten Knochendicke für einen kontrolliert navigierten Knochenabtrag ohne Verletzung der darunter liegenden Gewebeschichten ist ein bisher ungelöstes Problem in

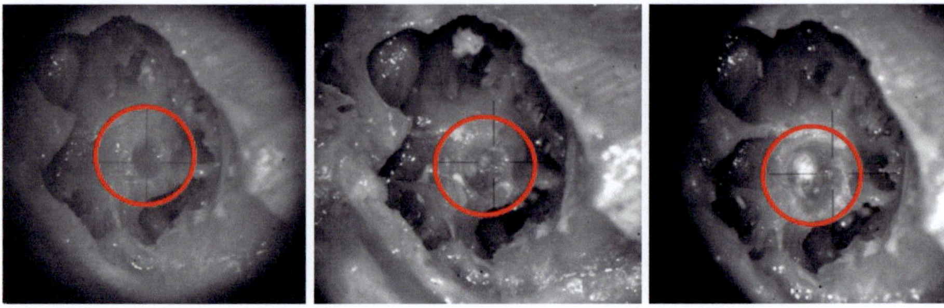

Abbildung 1.1: Darstellung des Operationsgebietes während konventioneller Eröffnung einer Cochlea. Auf dem linken Bild ist das Promontorium noch weitestgehend in seiner ursprünglichen Form belassen, das mittlere Bild lässt eine Vertiefung, hervorgerufen durch einen Bohrer, erkennen. Das rechte Bild zeigt eine farblich unterscheidbare Stelle, die durch die Membran hervorgerufen wird.

der computerunterstützten Chirurgie. Die Knochendicke kann zwar für eine erste Schätzung durch eine Computertomographie und Auswertung dieser Bilddaten ermittelt werden. Hierbei treten allerdings durch begrenzte Auflösung bzw. Schichtabstände der tomographischen Rekonstruktion Unsicherheiten von mindestens 0.3 mm auf.

Ein Knochenabtrag mit Schonung direkt angrenzender Gewebeschichten sollte mindestens um eine Größenordnung genauer durchgeführt werden. In der klinischen Routine sind Unsicherheiten allerdings oft um ein Vielfaches höher. Dieses resultiert aus größeren Schichtabständen der Computertomographie zur Reduzierung der Strahlenbelastung für den Patienten.

Die größten Genauigkeitsanforderungen in der navigierten Chirurgie entstehen bei der Erstellung des Modells (Bilddatenaufnahme, 3D-Rekonstruktion und Segmentierung) sowie der Registrierung des Modells mit der intraoperativen Situation. Können diese beiden Schritte in Teilen der Intervention durch präzise Online-Messmethoden ersetzt oder ergänzt werden, ermöglicht dies neue und sicherere Operationstechniken. Für eine solche intraoperative Kontrolle bieten sich prinzipiell computerunterstützte Methoden an, die abgestimmt auf die jeweiligen Aufgaben, bereits in mehreren chirurgischen Disziplinen verfügbar sind (bspw. Angiographie, ultraschallgestützte Biopsie).

Im Kontext dieser Arbeit sind Methoden für mikrochirurgische Operationen am humanen Felsenbein gefragt, die oft eine höhere Präzision als die oben erwähnte Unsicherheit von 0.3 mm erfordern. Während der Cochleostomie erfolgt beispielsweise innerhalb weniger Mikrometer der Übergang zwischen Knochen und Membran. Eine Überwachung des bearbeiteten Knochens ermöglicht theoretisch eine präzise Durchführung des Abtrags. Videoüberwachende und bildverarbeitungsunterstützende Methoden, die direkt an der Abtragsstelle die Knochenoberfläche für eine Grenzflächendetektion beobachten, sind bisher noch nicht untersucht worden.

Die Laserknochenablation ermöglicht durch die berührungslose Knochenbearbeitung prinzipiell die Überwachung bei gleichzeitigem Abtrag. Zusätzliche Vorteile der Laserknochenablation sind die Sterilität, nicht entstehender Bohrstaub, beides wegen der berührungslosen Verdampfung des Knochens, sowie die bisher mit keiner anderen Methodik erreichte Präzision der Knochenentfernung. Sowohl die Operationsplanung als auch die Umsetzung der mikrochirurgischen Laserknochenablation müssen neu entwickelt werden.

Zusammengefasst fehlt dem Chirurgen bisher ein System, das eine bildverarbeitungsunterstützte Laserknochenablation ermöglicht. Die Herausforderungen und daraus resultierende Problemstellungen sind im Folgenden als zu lösende Fragestellungen innerhalb dieser Dissertation dargestellt:

- **Wie kann ein System zur bildverarbeitungsunterstützten Laserknochenablation realisiert werden?**
- **Ist eine intraoperative Erkennung verschiedener Grenzflächen im Bereich des Innenohrs im humanen Felsenbein möglich?**
- **Ist die Laserknochenablation mittels Videoüberwachung regelbar?**
- **Wie kann ein mikrochirurgischer Knochenabtrag geplant und wie genau kann er umgesetzt werden?**
- **Welche Benutzerinteraktionen des Chirurgen mit dem System sind (für einen sicheren Betrieb) nötig?**

1.3 Inhalt der Arbeit

Ziel der Dissertation ist die Untersuchung von Methoden und die Entwicklung eines Systems zur bildverarbeitungsunterstützten Laserknochenablation am humanen Felsenbein. Mittels Bildverarbeitung und Laserknochenablation wird der chirurgische Eingriff der Innenohrimplantation durch präzisen Knochenabtrag und Gewebedifferenzierung unterstützt. Es findet eine Beantwortung der oben genannten Fragestellungen statt.

Im Rahmen der Arbeit wurden ein neuartiges System zur bildverarbeitungsunterstützten Laserknochenablation entwickelt und weitere Realisierungsformen des experimentellen Aufbaus geprüft. Ein kurzgepulster Kohlenstoffdioxidlaser wurde bezüglich des Ablationsverhaltens am Promontorium untersucht.

Der Laser, der steuerbar über einen Teilbereich des humanen Felsenbeins abgelenkt werden kann, entfernt pro Puls ungefähr das Volumen von $0.001\,\mathrm{mm}^3$ Knochen. Mit einer großen Anzahl von in das gesamte Volumen gepackten Pulsen wird eine präzise Ablation bis zur membranösen Grenzfläche erzeugt.

Die Größe und Form des abgetragenen Knochenvolumens pro Einzelpuls wurde mittels konfokaler Oberflächenmesstechnik mit einer Auflösung im Mikrometerbereich vermessen und analysiert. Nach Approximation durch eine zweidimensionale Gaußfunktion konnte damit eine Ablationssimulation erstellt werden. Ein möglichst glatter Abtrag sowohl in der Simulation als auch während der intraoperativen Umsetzung ist die Voraussetzung für das Freipräparieren der Membran.

Für die videobasierte Grenzflächenerkennung wurden Bildverarbeitungsroutinen auf Eignung untersucht und im System implementiert. Die segmentierten Regionen in den Farbbildern wurden mit einem Verfahren erstellt, welches zusammenhängende und farblich homogene Bereiche erkennt. Bildverarbeitungsexperimente unter verschiedenen Beleuchtungskonditionen führten zu einem optimierten Aufbau.

Die Planung der Einzelpulsverteilung sowie die automatische Segmentierung von den Regionen, die nicht mehr mit dem Laser bearbeitet werden sollen, sind die Voraussetzung für eine bildbasierte Regelung. Erkennt das System eine Grenzfläche, werden die in dieser Region liegenden Laserpulse umplatziert bzw. entfernt. Der Laser ablatiert somit bis zur kompletten Entfernung der Grenzfläche nur die Bereiche, welche bisher nicht als solche erkannt wurden. Der Chirurg ist aus fachlichen Gründen in diesen Regelkreis eingebunden. Er überprüft visuell die vom System vorgeschlagene Platzierung der nächsten Ablationspositionen.

Die damit verbundenen wissenschaftlichen Untersuchungen finden sich im Umfeld der folgenden Themenbereiche wieder:

- Chirurgische Navigation
- Cochleaimplantation
- Laserknochenablation
- Mikromaterialbearbeitung
- Grenzflächendetektion
- Bohrlochinspektion
- Bildbasierte Regelung
- Packproblem

1.4 Rahmen der Arbeit

Die Arbeit entstand im Rahmen der Beschäftigung als wissenschaftlicher Mitarbeiter am Institut für Prozessrechentechnik, Automation und Robotik der Universität Karlsruhe (TH). Die bearbeiteten Herausforderungen dieser Dissertation schlussfolgerten sich aus den Problemstellungen, die sich während eines interdisziplinären Projektes mit Chirurgen der Hals-Nasen-Ohren-Heilkunde der Universitätskliniken Freiburg und Düsseldorf sowie der Lasertechnologiegruppe des Forschungszentrums caesar, Bonn, ergaben. Dieses Projekt (*Bildgestützte Navigation eines Laserstrahls zur mikrochirurgischen Knochenablation an der lateralen Schädelbasis*) wurde von der Deutschen Forschungsgemeinschaft im Schwerpunktprogramm *Medizinische Navigation und Robotik* gefördert.

1.5 Gliederung

Kapitel 2 beschreibt die notwendigen Grundlagen für die Einordnung dieser Arbeit. In Kapitel 3 wird der Stand der Forschung des Themenfeldes diskutiert. Das Kapitel 4 umfasst die verwendeten Methoden und den Systementwurf. Kapitel 5 beschreibt die entwickelten Algorithmen und wichtige Details der Implementierung. Das Kapitel 6 legt die durchgeführten Untersuchungen zur Laserknochenablation dar, deren Ergebnisse in Kapitel 7 zusammengefasst werden. In Kapitel 8 werden die Methoden und Ergebnisse der Arbeit sowie die Übertragbarkeit in den Operationssaal diskutiert. Zusätzlich wird ein Ausblick gegeben, wie eine technische Weiterentwicklung der Methoden aussehen könnte.

2 Grundlagen

In diesem Kapitel wird auf die drei Bereiche *Laser*, *humanes Felsenbein* und *Bildverarbeitung* eingegangen, die sich bereits im Titel der Arbeit widerspiegeln. Es werden dabei eine Einführung in das interdisziplinäre Aufgabengebiet dieser Arbeit gegeben und weiterführende Literatur benannt.

2.1 Laser

Dieser Abschnitt gibt einen Überblick über die Lasertechnologie. Da ein Kohlenstoffdioxidlaser, kurz CO_2-Laser, in dieser Arbeit verwendet wird, werden Erklärungen überwiegend am Beispiel dieses speziellen Lasers kommuniziert.

2.1.1 Historischer Überblick und medizinische Anwendungen

Albert Einstein postulierte 1917 die induzierte Emission [Eins17], die sich als eine der Grundlagen für den Laser (Akronym: **L**ight **a**mplification by **s**timulated **e**mission of **r**adiation) herausstellte. Unter dem Begriff Laser wird demnach ein Lichtverstärker verstanden. Heutzutage ist allerdings, wenn über Laser gesprochen wird, häufig das Gesamtsystem gemeint, das einen Oszillator beinhaltet. Die Entwicklung der ersten Laser werden mit folgenden Personen und Jahreszahlen verbunden [Jüpt98, Dule76]:

- Charles H. Townes und Arthur L. Schawlow:
  Entwicklung des Vorläufers des Lasers (Maser, Mikrowellenbereich) sowie Versuche zur Verschiebung der Emission des Masers in den sichtbaren Frequenzbereich (1953/57), Nobelpreis 1964
- Aleksandr Prokhorov:
  Forschungsarbeiten zur Realisierung von Maser und Laser, beispielsweise das optische Pumpen (1953/55/58), Nobelpreis 1964
- Gordon Gould:
  Prägung des Akronyms Laser (1957/59)
- Theodore H. Maiman:
  Entwicklung des ersten funktionstüchtigen Lasers (1960)
- Kumar Patel:
  Entwicklung des ersten Kohlenstoffdioxidlasers (1964)

Nachdem Maiman den ersten funktionstüchtigen Laser entwickelt hatte, wurden Anwendungsmöglichkeiten in vielfältiger Form vorgeschlagen und Mediziner waren schnell in diesen neuen Forschungsbereich integriert. 1961 veröffentlichte Zaret seine Untersuchungen zu den Effekten von Laserstrahlung in Wechselwirkung mit menschlichem Gewebe [Zare61]. Die Gebiete der Augenheilkunde mit Photocoagulation, der Zahnmedizin mit Untersuchungen zur Wechselwirkung der Laserstrahlung mit festem Gewebe und der allgemeinen Chirurgie mit dem Laser-Skalpell waren die Vorreiter auf diesem Gebiet. Eine Zusammenfassung der medizinischen Laserentwicklung ist bei Spetz [Spet95] oder auch im Landolt-Börnstein zum Thema *Laser Physics and Applications* [Bäue04] nachzulesen. Auf weiterführende Literatur zu diesem Thema wird im Kapitel zum Stand der Forschung in den Abschnitten 3.1.1 und 3.2.3 hingewiesen.

2.1.2 Entstehung von Laserstrahlung und deren physikalische Eigenschaften

Der Prozess der Erzeugung der Laserstrahlung wird erst durch mehrere einzelne Faktoren ermöglicht, die im Folgenden beschrieben werden. Anschließend werden die daraus resultierenden physikalischen Eigenschaften der Laserstrahlung zusammengefasst. Eine detaillierte Beschreibung befindet sich in Grundlagenwerken zum Laser (bspw. [Kneu05, Eich06]).

Die Besetzungsinversion: Atome und Moleküle können zu Schwingungen sowie Rotationen angeregt werden und besitzen damit mehrere Energieniveaus. Diese weisen normalerweise mit ansteigender Energie eine abfallende Population nach der Boltzmannverteilung auf (siehe z.B. [Wach98]). Besitzt ein energetisch höher gelegenes Energieniveau eine höhere Population als ein niedriger gelegenes Energieniveau, so wird von der Besetzungsinversion gesprochen. Diese Inversion kann nur mit Systemen realisiert werden, die mindestens drei Energieniveaus und eine bestimmte Kombination von Relaxionszeiten bzw. der Verweildauer in einem Energieniveau besitzen. In Abbildung 2.1 ist das Vier-Niveau-Energieschema eines CO_2-Lasers dargestellt. Bei dem Beispiel ist das Energieniveau ν_3

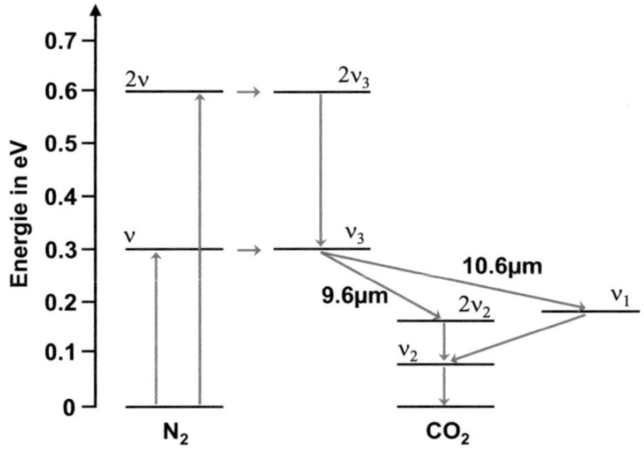

Abbildung 2.1: Energieniveauschema eines CO_2-Lasers. Die vier relevanten Energien sind der Grundzustand, Niveau ν_3, ν_1 bzw. $2\nu_2$ sowie ν_2. Durch Stöße der CO_2-Moleküle mit Stickstoffmolekülen und Heliumatomen werden Energien übertragen.

mit einer höheren Population versehen und emittiert während des Übergangs in die Niveaus $2\nu_2$ und ν_1 die Wellenlängen $\lambda = 9.6\,\mu m$ und $\lambda = 10.6\,\mu m$. Die Aufspaltung in die Energieniveaus ν_1 und ν_2 rührt von den unterschiedlichen Freiheitsgraden der Molekülschwingungen des CO_2-Gases her.

Das optisch aktive Medium und das Pumpen: Im oben beschriebenen Beispiel ist das Gas CO_2 das optisch aktive Lasermedium. Je nachdem aus welchem Material das Lasermedium besteht und welche Energieniveaus damit verbunden sind, ändern sich die Emissionslinien eines Lasers. Als optisch aktive Medien können außer Gasen auch Festkörper oder Flüssigkeiten dienen. Halbleiterlaser sowie der Freie-Elektronen-Laser stellen weitere Spezialformen dar. Um die Besetzungsinversion im optisch aktiven Medium zu erreichen, bedarf es einer Methode, die möglichst viele Atome oder Moleküle in einen über dem Energiegrundniveau liegenden Zustand anregen. Die Methode wird Pumpprozess genannt und kann in sehr verschiedenen Formen realisiert werden. Beim CO_2-Laser werden Stickstoffmoleküle mittels Hochfrequenzgasentladung (HF-Gasentladung) über Elektroden zu einer kinetischen Schwingung angeregt. Diese Schwingungsenergien werden durch Stöße auf CO_2-Moleküle und deren Anregung in vibronische Energieniveaus übertragen.

Stimulierte Emission von Lichtquanten: Unter stimulierter oder induzierter Emission wird in der quantenmechanischen Theorie der Wechselwirkungen zwischen Licht und Materie die Umkehrung des (stimulierten) Absorptionsprozesses verstanden. Wenn sich das Lasermedium in der Besetzungsinversion befindet, kann durch ein energetisch passendes Lichtquant, welches auf ein angeregtes Atom oder Molekül trifft, ein zusätzliches äquivalentes Lichtquant ausgelöst werden. Das zweite Lichtquant ist kohärent und besitzt damit gleiche Bewegungsrichtung, Frequenz, Phase und Polarisation. Das angeregte Atom oder Molekül relaxiert dabei in ein energetisch niedrigeres Niveau. Dieses ist der Licht-Verstärkungs-Prozess, von dem der Laser seinen eigentlichen Namen hat.

Der Resonator und die Anschwingbedingung: In einem Laser-Oszillator befindet sich meistens ein optischer Resonator, um die Länge des optisch aktiven Mediums auf ein Minimum beschränken zu können. Der Resonator besteht aus zwei Spiegeln, an denen die elektromagnetische Strahlung reflektiert wird. Einer der Spiegel ist zu einem kleinen Prozentsatz transmittierend und koppelt so an der Seite den Laserstrahl aus. Der Resonator legt die Achse fest, die zur Vorzugsrichtung der stimulierten Emmision wird. Er bestimmt ebenfalls einige Eigenschaften wie Moden bzw. Strahlprofil oder Parallelität bzw. Divergenz.

Die Anschwingbedingung des Laser-Oszillators entspricht einer Leistungsbilanzierung. Der Laser schwingt an, wenn mehr Lichtquanten durch die stimulierte Emission entstehen, als durch irgendwie geartete Verluste (Auskopplung, Reflexionskoeffizient der Spiegel, Absorption nicht laseraktiver Atome, Streuung, Beugung) im Resonator verloren gehen [Jüpt98].

Die physikalischen Eigenschaften: Es können die in der folgenden Aufzählung zusammengefassten physikalischen Eigenschaften eines Lasers, die ihn gegenüber einer konventionellen Lichtquelle unterscheiden, festgehalten werden:

- Monochromatisch, d.h. im Licht ist nur eine Frequenz mit kleiner Linienbreite aus dem elektromagnetischen Spektrum vorhanden (*Einfarbigkeit*).
- Kleine Divergenz, d.h. der Strahl breitet sich nur unter einem extrem kleinen Öffnungswinkel aus und hat deshalb einen kleinen Strahldurchmesser.
- Große Kohärenzlänge, d.h. emittierte Wellenzüge sind sehr lang und die Photonen schwingen in Phase.
- Betriebsart, d.h. kontinuierliche (Dauerstrich) oder gepulste Emission der Laserstrahlung. Ein gepulst-emittierender Laser kann durch gepulste Anregung (z.B. Blitzlampen) oder auch durch Güteschaltung (sog. Q-Switch, schnelles Wechseln von geringer auf hohe Güte des Lasermediums) realisiert werden. Die Pulsdauer des Lasers ist um Größenordnungen kleiner als die des Mediums.
- Beschreibung der Feldstärke der transversal elektromagnetischen Wellen (kurz TEM-Moden), d.h. die Leistungsdichteverteilung, die sich auf den Spiegeln oder einer Projektionsfläche ausbildet. Bei einem symmetrisch konfokalen Resonator bildet sich in der Grundmode eine Gauß'sche Glockenkurve aus. Alle TEM_{lp}-Moden außer der Grundmode verlaufen nicht genau entlang der optischen Achse und werden indiziert. Die Größe der Modenparameter (l, p) entspricht der Anzahl der Knoten (Intensitätsminima). In Abbildung 2.2 ist das Prinzip der Entstehung der Moden sowie einige exemplarische Leistungsdichteverteilungen dargestellt.
- Hohe Leistungsdichte, die hauptsächlich aus der Verstärkung und der kleinen Divergenz resultiert.
- Rayleighlänge

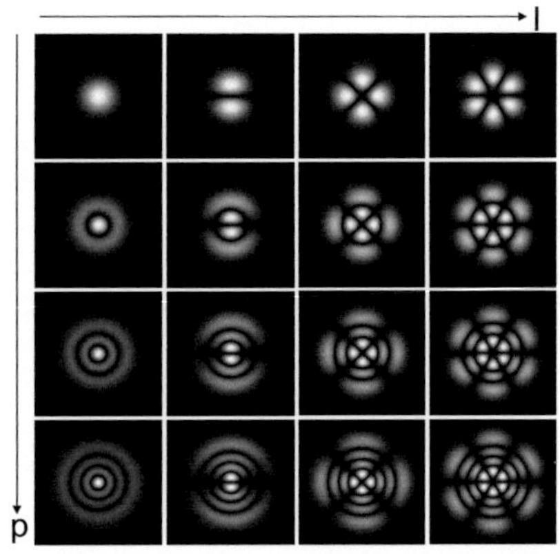

Abbildung 2.2: Darstellung der lateralen Leistungsverteilung (TEM_{lp}-Moden) in einem symmetrisch konfokalen Resonator mit runden Spiegeln.

2.1.3 Der (gepulste) CO_2-Laser

Der CO_2-Laser wird vorwiegend in der Materialbearbeitung verwendet und hauptsächlich mit einer Wellenlänge von $\lambda = 10.6\,\mu m$ betrieben [Rath07]. Es gibt verschiedene Bauformen, wobei hier nur der verwendete Slab-Laser betrachtet werden soll. Es handelt sich dabei um einen diffusionsgekühlten Ansatz, bei dem sich das Gas zwischen zwei flächigen Elektroden befindet, welche mit Wasser gekühlt werden. Von der Form der Elekroden bzw. des Mediums hat der Slab-Laser seinen Namen (slab: engl. für Platte). Die Elektroden werden mit einer HF-modulierten Spannung betrieben und regen das Gasgemisch (siehe oben, vgl. Abbildung 2.1) durch Plasmaentladung an. Die Auskopplung findet an einem verkürzten Ende eines Spiegels statt. In Abbildung 2.3 ist die Bauform dargestellt. Eine Strahlformung sorgt für die nahezu kreisförmige Strahlqualität. Der in der Arbeit verwendete gepulste CO_2-Laser hat eine ausgeprägte TEM_{00}-Mode.

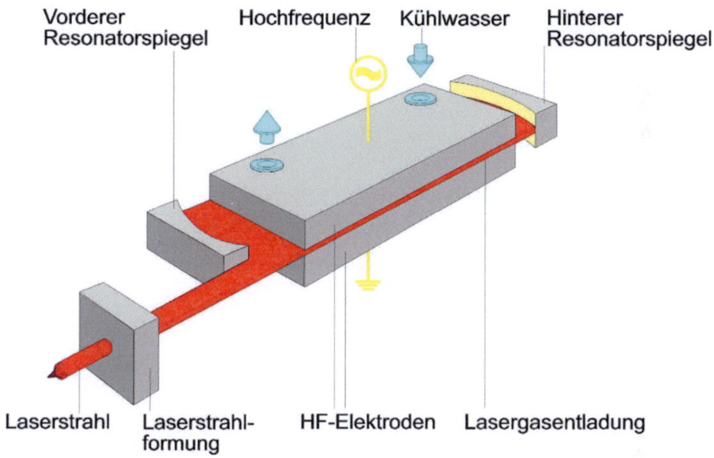

Abbildung 2.3: Funktionsskizze eines CO_2-Slab-Lasers (mit freundlicher Genehmigung der ROFIN-SINAR Laser GmbH)

2.2 Das humane Felsenbein

Das Felsenbein (lat. pars petrosa) ist ein Knochen der lateralen Schädelbasis (Otobasis) bzw. des Schläfenbeins (lat. os temporales). Das Felsenbein umschließt im menschlichen Schädel das Innenohr. Darin befindet sich die Hörschnecke (Cochlea, siehe Abschnitt 2.2.1) und das Gleichgewichtsorgan, welches aus drei Bogengängen für die Wahrnehmung von Winkelbeschleunigungen sowie dem Sacculus (lat. für Säckchen) und dem Utriculus (lat. für kleiner Schlauch) für die Wahrnehmung von Linearbeschleunigung besteht. Durch das Felsenbein hindurch bzw. in unmittelbarer Nähe verlaufen mehrere wichtige Nerven und Gefäße:

- Innere Halsschlagader (lat. Arteria carotis interna)
- Gleichgewichts- und Gehörnerv (lat. Nervus vestibulocochlearis)
- Gesichtsnerv (lat. Nervus facialis)
- Paukensaite (lat. Chorda tympani)

Diesen Organen sollte bei jeder Operation im Felsenbein große Aufmerksamkeit entgegengebracht werden. Verletzungen führen ggfs. zu schwerwiegenderen Schäden, als vor der Operation vorhanden waren. Benachbart zum Felsenbein gehören auch das Schuppenteil, das Paukenteil sowie das Mastoid als weitere Knochenabschnitte zum Schläfenbein. In Abbildung 2.4 ist eine Übersicht dieser Schädelregion dargestellt. Das Paukenteil umgibt das Mittelohr und besitzt die zum Außenohr führende Öffnung des Gehörganges. Das luftgefüllte Mittelohr ist durch das Trommelfell nach außen begrenzt und beherbergt die Paukenhöhle mit den Gehörknöchelchen. Auf der gegenüberliegenden Seite befindet sich die Cochlea.

In Abbildung 2.5 ist ein Schnitt durch das Schläfenbein illustriert. Im Mittelohr befindet sich mit dem Steigbügel (lat. Stapes) der kleinste Knochen des Menschen. Dieser sitzt direkt auf dem ovalen Fenster der Cochlea und gibt die Schallinformationen vom Trommelfell über den Hammer und den Amboss in die Cochlea weiter. Ebenfalls ist von der Paukenhöhle aus auch das runde Fenster sowie das Promontorium der Hörschnecke erreichbar. Abbildung 2.6 zeigt eine Fotografie eines histologischen Schnitts durch den menschlichen Schädel. Als Vergrößerung ist die Region der Cochlea abgebildet. Die knöcherne Umwandung der Cochlea stellt den härtesten Knochen im menschlichen Körper dar. Im nachfolgenden Abschnitt wird die Hörschnecke genauer vorgestellt.

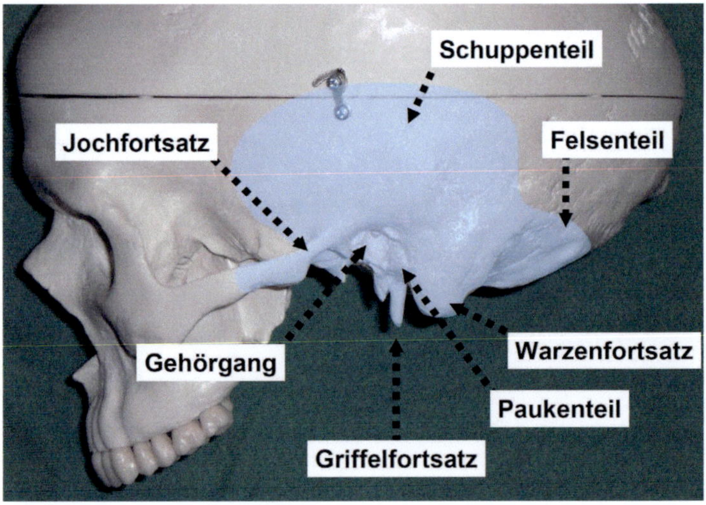

Abbildung 2.4: Die laterale Schädelbasis als Übersicht am Plastikschädel

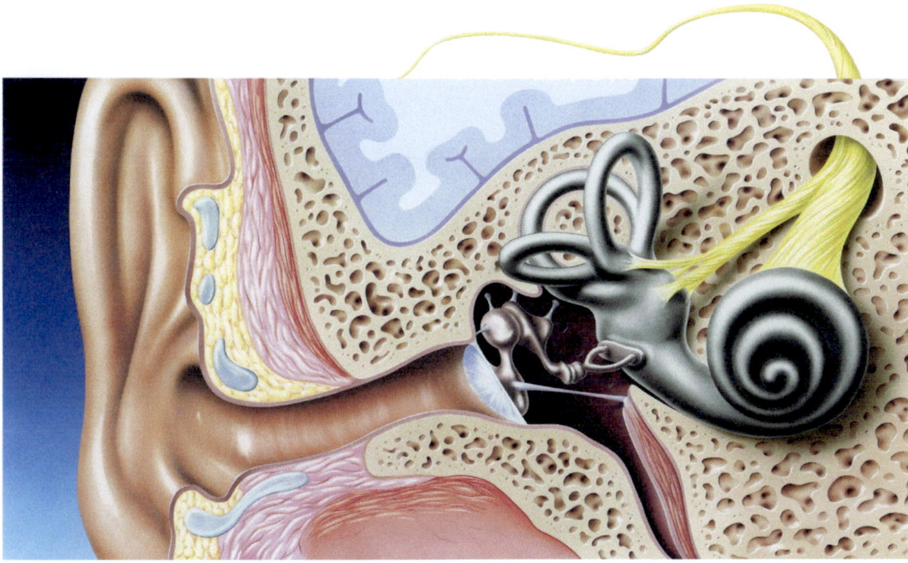

Abbildung 2.5: Schnitt durch das Schläfenbein mit Darstellung des Ohrs (mit freundlicher Genehmigung der HENNIG ARZNEIMITTEL GmbH & Co. KG)

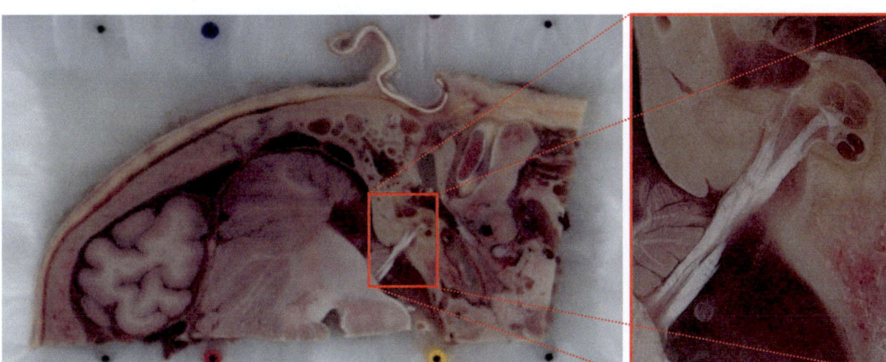

Abbildung 2.6: Histologieaufnahme aus dem Visible-Ear-Projekt [Søre02] mit vergrößerter Darstellung der Region um die Gehörschnecke.

2.2.1 Die Cochlea

In der Hörschnecke werden die Schallsignale in Nervenimpulse umgewandelt. Die Cochlea untergliedert sich in mehrere Teile (vgl. Abbildung 2.7):

- Vorhoftreppe (lat. Scala vestibuli)
- Paukentreppe (lat. Scala tympani)
- Schneckengang bzw. Endolymphschlauch (lat. Ductus cochlearis oder Scala media)
- Cortisches Organ
- Reissner- und Basilar-Membran

Die Vorhoftreppe und die Paukentreppe sind mit der Perilymph-Flüssigkeit gefüllt und an der Spitze (lat. Apex) der Hörschnecke über das Schneckenloch (lat. Helicotrema) miteinander verbunden. Der Schneckengang ist ebenfalls mit einer Flüssigkeit gefüllt, der Endolymphe,

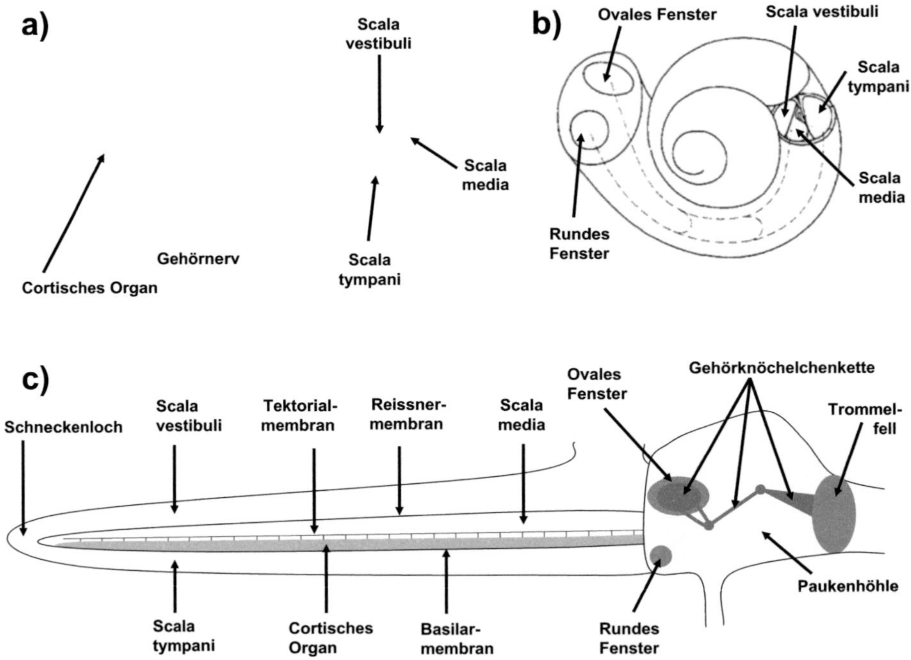

Abbildung 2.7: Drei sich ergänzende schematische Detaildarstellungen der Cochlea. Teilbild a) zeigt einen schematisch-histologischen Schnitt durch die Gehörschnecke (vgl. auch Abbildung 2.6). Teilbild b) illustriert die Cochlea mit ihren *Ausgängen*, dem runden und dem ovalen Fenster sowie, angeschnitten, ihrem *Innenleben*. Das Teilbild c) zeigt das Mittelohr und die entrollte Gehörschnecke mit drei Wanderwellen.

die sich durch eine wesentlich höhere Kaliumkonzentration von der Perilymphe unterscheidet. Zwischen der Vorhoftreppe und dem Schneckengang befindet sich die Reissner-Membran und zwischen der Paukentreppe und dem Schneckengang die Basilar-Membran. An den inneren Knochenflächen der Cochlea befindet sich eine membranöse Auskleidung, welche als Endost bezeichnet wird. In Abschnitt 3.2.2 wird das Endost weiter beschrieben.

Nach der Beschreibung der Anatomie folgt hier eine Kurzbeschreibung der Physiologie des Hörens. Wird über die Bewegung des Steigbügels eine Wanderwelle am ovalen Fenster in die Cochlea eingekoppelt, führt dies allerdings nicht hauptsächlich dazu, dass diese Welle sich über das Schneckenloch weiter ausbreitet, sondern dass der Schneckengang ausgelenkt wird. Die Auslenkung bewirkt im Cortischen Organ eine Verschiebung einer weiteren Membran, die auf den Haarzellen liegt, welche wiederum für eine Umwandlung dieses mechanischen Reizes in elektrische Nervenimpulse verantwortlich ist. Diese werden dann im Hörnerv an das Gehirn weitergeleitet. Eine ausführliche Beschreibung befindet sich im Lehrbuch Neuroscience [Purv04], im Artikel von Robles und Ruggero [Robl01] oder in dem Überblick von Zimmermann [Zimm93].

2.2.2 Elektronische Implantate zur Stimulation des Hörnervs

Elektronische Implantate für die Versorgung von schwerhörigen oder tauben Patienten stellen nach dem konventionellen Hörgerät die einzige Möglichkeit für die akustische Ankopplung dieser Betroffenen an ihre Umwelt dar. Graf von Volta, Erfinder der Batterie und Namensgeber für die Einheit der elektrischen Spannung, war der Erste, der um 1800 das menschliche Hörsystem elektrisch stimulierte [Gedi06].

Eine Zusammenfassung von knapp 40 Jahren kontrollierter elektrischer Stimulation des Hörnervs befindet sich beispielsweise in einer Abhandlung von Blume [Blum95]. Zenner fasste 1997 die technischen und chirurgischen Möglichkeiten der elektronischen Hörimplantate zusammen [Zenn97a, Zenn97b, Zenn97c]. Das Cochleaimplantat (CI) ließ er aufgrund der hohen Anzahl von Veröffentlichungen außen vor; die Forschung für dieses System ist allerdings immer noch nicht abgeschlossen.

Das CI besteht aus zwei wesentlichen Komponenten: Einem implantierten und einem nicht implantierten Teil. Letzterer besteht aus einem Sprachprozessor, der zumeist hinter dem Ohr getragen wird, sowie der Sendespule, die auf der Kopfhaut aufliegt. Sie wird magnetisch durch die Kopplung mit dem implantierten Teil gehalten. Die implantierte Komponente besteht aus der Empfangseinheit, für die ein Implantatbett in den Knochen der Schädelbasis gefräst wird, sowie dem Elektrodenträger mit einzelnen Stimulationselektroden [Gsto97a, Mara98, Müll05].

Der Elektrodenträger wird durch einen künstlichen Zugang in die Cochlea eingebracht. Der damit verbundene chirurgische Eingriff wird in Abschnitt 3.2 beschrieben. Der Elektrodenträger wird nach der Eröffnung in die Cochlea hineingeschoben und anschließend fixiert. In Abbildung 2.8 ist der Bereich des Ohres nach vollendeter Implantation dargestellt.

Eine der größten technischen Herausforderungen ist es, mehr als die bisher nur ca. 20 Stimulationselektroden im Elektrodenträger unterzubringen. Würde es möglich sein, an sehr vielen Positionen im Innenohr die elektronische Stimulation auszulösen, wäre der Höreindruck mit CI wahrscheinlich natürlicher. Im Normalfall stehen eine quasi-kontinuierliche Anzahl von Sinneshärchen ($\approx$ 15000 pro Ohr [Purv04]) zur Verfügung. Heutzutage können allerdings nur die

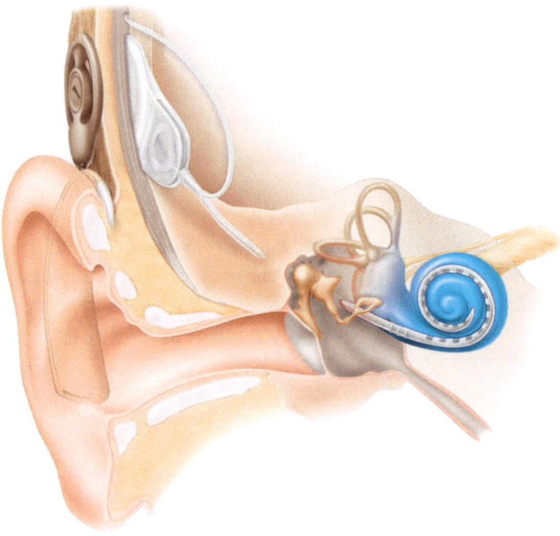

Abbildung 2.8: Das implantierte CI mit seinen verschiedenen Teilen (mit freundlicher Genehmigung von Cochlear Ltd.): Der Sprachprozessor sitzt hinter dem Ohr und leitet die Signale an die Sendespule, die auf der Kopfhaut liegt, weiter. Sie wird magnetisch vom Implantat gehalten, welches sich unter der Kopfhaut und im Knochen befindet. Das Implantat wiederum hat eine Neutralelektrode und einen Elektrodenträger, der in die Cochlea eingebracht wird.

angesprochenen wenigen Elektroden integriert und damit Frequenzen stimuliert werden. Umso wichtiger ist es, das Restgehör zu erhalten und eine Kombination aus natürlichem Hören und der Stimulation über das CI zu realisieren [Lasz97, Klen99, Walc00, Kief04].

Heutige Untersuchungen befassen sich mit vielen Einzelaspekten des Cochleaimplantates bzw. der Cochleaimplantation. Diskutiert werden unter anderem, welche Einflüsse das CI bei der Implantation bei Kindern hat [Kief96, Rich00, Lasz01]. Auch werden die Ergebnisse sozialökonomisch [Helm03] sowie bzgl. der Verbesserung der Lebensqualität der Träger evaluiert [Lass06]. Der Entwurf neuer Implantate und besonders neuer Stimulationselektroden ist Gegenstand aktueller Forschungsarbeiten [Gsto97b, Adun04].

2.2.3 Aufbau und Eigenschaften von Knochen

Knochen ist als multiskalisches Material nahezu einzigartig in der Kombination von Härte und Steifigkeit bei gleichzeitiger Elastizität. Interessant sind zusätzlich die Selbstheilungs- und Knochenumbau- bzw. Wachstumsprozesse [Frat02, Slot07]. Die mechanischen [Wein98], thermischen [Tahe81] und elektrischen Eigenschaften [Park92] sowie die Simulation des Heilungsprozesses [Shef05] von Knochen sowie dessen Bestandteile wurden untersucht.

Für die Laserablation sind jedoch hauptsächlich optische Eigenschaften wie beispielsweise das Absorptionsspektrum der Materialien im Knochengewebe wichtig. Hier haben Hydroxylapatit und Wasser die größten Anteile. Thermische und mechanische Eigenschaften kommen je nach Ablationsmodell als wichtige Parameter hinzu.

2.3 Bildverarbeitung

Ziel dieses Abschnittes ist eine Einführung in die Nomenklatur und die Abläufe der digitalen Bildverarbeitung (BV). Angelehnt an die Lehrbücher von Jähne [Jähn05] und Tönnies [Tönn05] werden die Grundlagen erläutert.

2.3.1 Begriffsdefinition

Im Folgenden werden Begriffe für den Bereich der digitalen Bildverarbeitung definiert. Zuerst werden im Sinne einer Verarbeitungsreihenfolge die einzelnen Schritte beschrieben. Anschließend werden weitere Begriffe aus dem Bereich Bildverarbeitung erläutert.

Bildgewinnung und Bildentstehung: Das erste Glied in der Verarbeitungskette der Bildverarbeitung besteht aus dem Aufnahmeprozess. Mittels einer Kamera wird die beobachtete Szene aufgenommen und die Bildinformationen werden durch den photoelektrischen Effekt in elektrische Signale umgewandelt und digitalisiert[1]. Pro Bildpunkt (Pixel) entsteht dabei eine Messgröße, die der Lichtintensität entspricht. Nach der Digitalisierung kann diese Helligkeitsinformation mit einer bestimmten Auflösung (z.B. Informationstiefe 8 Bit, was 256 unterschiedlichen Grauwerten entspricht) gespeichert werden. Ausgehend von einem Lochkameramodell wird ein pyramidales Volumen der beobachteten Szene auf den Kamerasensor abgebildet. Die Beleuchtung der Szene spielt bei der Aufnahme des Bildes eine wesentliche Rolle. Nur die in den Sensor aus der Szene zurückreflektierte Lichtintensität kann zur Bildentstehung beitragen; vorausgesetzt, dass es keine Lumineszens bei den beobachteten Objekten gibt. Farbinformationen können nur durch die Verwendung von Filtern, die zu den Pixeln das entsprechende Frequenzband der Lichtwellenlängen hindurchlassen, entstehen. Die beiden Abschnitte 2.3.3 und 2.3.4 vertiefen diese Beschreibung.

Bildvorverarbeitung: Mit den Algorithmen der Bildvorverarbeitung werden ungewünschte Effekte und Störungen, die während der Bildaufnahme entstehen, reduziert, korrigiert oder eliminiert. Die dabei verwendeten Punkt- bzw. geometrischen Operatoren ermöglichen eine Modifizierung der Pixel im Sinne einer Bildverbesserung. Einige Beispiele hierfür sind die Kontrastverstärkung, Adaption bei Unter- oder Überbelichtung, Korrektur inhomogener Beleuchtung, geometrische Transformationen und Entzerrung sowie die Rauschunterdrückung.

Regionenidentifikation und Segmentierung: Um Regionen und Objekte im Bild automatisch identifizieren zu können, müssen in einem Segmentierungsschritt mehrere zusammenhängende Pixel aus dem Hintergrund herausgelöst werden. Hilfreich ist es hierbei, wenn

[1]Weitere Aufnahmeverfahren, wie die aus der Medizin bekannte Tomographie und Sonographie oder auch das verbreitete Flachbettscannen, sollen hier zusätzlich nur erwähnt sein.

Merkmale wie Kanten, Grauwerte, Nachbarschaften, Textur oder Bewegung bereits vorher bestimmt wurden. Die einfachste Segmentierungsart ist die Verwendung eines histogrammbasierten Schwellwertes. Alle Pixelwerte, die über- oder unterhalb der Schwelle liegen, werden markiert und in einem weiteren Schritt als Region(en) geeignet zusammengefasst. Eine weitere Segmentierungsmöglichkeit ist die Kantenverfolgung: Bei geschlossenem Linienzug ist eine Region ebenfalls identifiziert. Inzwischen sind vielfältige Segmentierungsalgorithmen, beruhend auf den oben beschriebenen Merkmalen, verbreitet. Darüber hinaus werden zunehmend komplexere Verfahren wie beispielsweise die modellbasierte Segmentierung entwickelt.

Klassifikation und Bildanalyse: Werden Regionen vom Bildhintergrund getrennt, können diese anschließend klassifiziert werden. Einfache Kritierien für diesen Schritt der Bildanalyse sind beispielsweise die Formmerkmale Flächeninhalt und -umfang. Sollen allerdings komplexere Merkmale klassifiziert werden, ist zunächst eine Identifikation der sichtbaren Unterschiede zu anderen Objekten notwendig, und diese müssen mindestens durch ein quantifizierbares Maß verschieden sein. Prinzipiell ist es unerheblich, ob mehrere zu klassifizierende Objekte pro Bild oder ob wenige Objekte pro Bild in einer Bilderserie vorhanden sind. Entscheidend ist das Verfahren zur Trennung der Objektklassen. Jedes Objekt stellt einen Punkt im Merkmalsraum dar; eine Häufung im Merkmalsraum kann zur Klassifikation, z.B. unter Verwendung des geringsten Abstandes zum Häufungsmittelpunkt, verwendet werden.

Die oben beschriebene Unterteilung in eine schrittweise Reihenfolge ist allerdings unzureichend, um die Sachverhalte der digitalen Bildverarbeitung ausreichend darstellen zu können. Im Folgenden werden weitere Begriffe erläutert, die im Kontext der Bildverarbeitung bzw. des *Sehens* oft genannt werden.

Visuelle Wahrnehmung: Die menschliche visuelle Wahrnehmung ist in vielen Punkten dem Computer-Sehen überlegen, aber in der exakten Bestimmung von Grau- und Farbwerten sowie dem Ausmessen von Längen und Flächen dem Rechner doch oft unterlegen. Beispiele dafür finden sich in einer Vielzahl von optischen Täuschungen wieder, von denen nur eine in Abbildung 2.9 vorgestellt wird. In den drei linken Bildern, die als Koffka-Ringe bekannt sind, werden jeweils nur drei Grauwerte verwendet. Die menschliche Wahrnehmung lässt sich aber täuschen und vermittelt vier unterschiedliche Werte in den beiden Darstellungen mit nicht-zusammenhängendem Ring. Wird das Bild auf den Grauwert 144 segmentiert, dann akzeptiert der Betrachter, was er eigentlich auch schon auf dem durchgängigen Koffka-Ring erkannt hatte. In einem ähnlichen Beispiel ist die menschliche visuelle Wahrnehmung hingegen einfachen Algorithmen des Computer-Sehens überlegen. Der Betrachter erkennt in Abbildung 2.10 zwar, dass durch einen Schattenwurf weitere Grauwerte auftreten, kann aber durch seine Erfahrung ohne Probleme die weißen von den schwarzen Feldern eines Schachbrettes unterscheiden [Adel01]. Die Felder, die mit A und B gekennzeichnet sind und eigentlich konträre Farben haben, sind in diesem Beispiel mit denselben Grauwerten behaftet, was in der Segmentierung des Bildes zu erkennen ist. So betrachtet, hat der Mensch sich wiederholt bei der Grauwerterfassung vermessen, allerdings ist er mit seiner visuellen Wahrnehmung im Stande, komplexere Strukturen adaptiv zu behandeln. Verwandte Herausforderungen für eine exakte Grauwertsegmentierung lassen sich für medizinische Bilddaten finden.

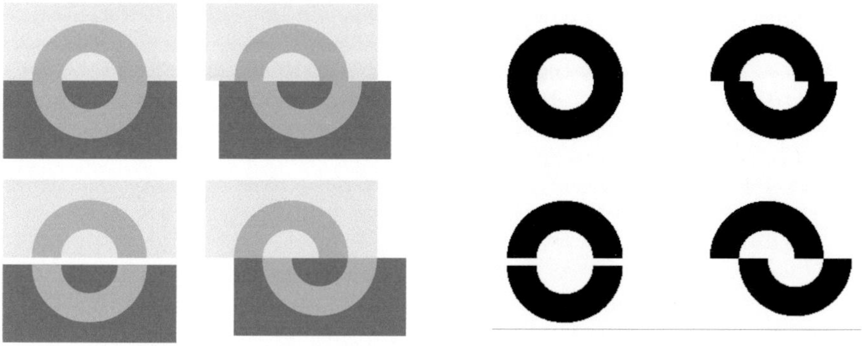

Abbildung 2.9: Koffka-Ringe und die Segmentierung auf den Grauwert des Ringes.

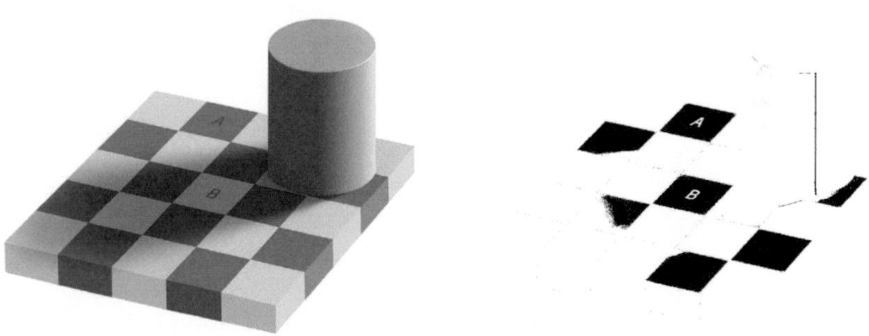

Abbildung 2.10: Phänomen der Farbkonstanz-Wahrnehmung: Schachbrettmuster mit Schattenwurf und das gleiche auf den Grauwert 120 segmentierte Bild.

Maschinelles Sehen: Das maschinelle Sehen ist das technische Pendant zur visuellen Wahrnehmung, wobei diese als Vorbild für die zu entwickelnden Algorithmen dient. Das menschliche Sehen und Bildverstehen allumfassend in Algorithmen umzusetzen, wird in absehbarer Zeit nicht möglich sein, weshalb bei einem bestimmten Problem des maschinellen Sehens immer nur Algorithmen für jeweils eine zugeschnittene Aufgabe gelöst werden können. Die bildverarbeitungsunterstützte Inspektion erlaubt aber prinzipiell die Steuerung und Regelung von ausgewählten Prozessen, beispielsweise der Vollständigkeitsprüfung oder Lageerkennung von maschinell gefertigten Bauteilen. In den Bereichen der Produktautomatisierung und Qualitätssicherung wird maschinelles Sehen deshalb vermehrt eingesetzt. Die bisher in diesen Bereichen entwickelten Methoden beruhen zumeist auf identischen Objekten, die geprüft oder für den nächsten Prozessschritt erfasst werden sollen. Die Übertragung dieser Funktionalitäten auf den Menschen während medizinischer Diagnose oder chirurgischer Eingriffe fällt jedoch sehr schwer, weil die Interindividualität der Patienten extrem hoch ist.

Bildverarbeitungssystem: Ein Bildverarbeitungssystem (für das maschinelle Sehen) setzt sich aus mehreren Hard- und Software-Teilkomponenten zusammen. Typischerweise wird eine Kamera verwendet, deren Daten digitalisiert und auf einem Computer gespeichert werden. Daran schließen sich der bereits oben beschriebene Verarbeitungsprozess mit der Bildvorverarbeitung, Regionenidentifikation und Segmentierung sowie der Klassifikation und Bildanalyse an. Diese Verarbeitungsschritte werden meistens in Software realisiert. Jedes Bildverarbeitungssystem erfordert anwendungsspezifische Anpassungen. Bildverarbeitungssysteme in der Medizin sind mannigfaltig: beispielsweise wird in Deutschland seit 1998 jedes Jahr ein Workshop zum Thema *Bildverarbeitung für die Medizin - Algorithmen, Systeme, Anwendungen* ausgerichtet, bei dem zahlreiche Systeme für neue Aufgaben vorgestellt werden (z.B. [Hors07, Tolx08]).

Bildverarbeitungsfilter: Die einzelnen Operatoren, die für eine Modifikation der Bilder angewendet werden können, werden auch Bildverarbeitungsfilter genannt. Jeder Filter übernimmt während der unterschiedlichen Prozessschritte eine Teilaufgabe, beispielsweise eine Glättung des Bildes mit der Gaußfunktion. Es existieren Softwarebibliotheken, die eine große Sammlung von Bildverarbeitungsfiltern beinhalten, wie die *Open Source Computer Vision Library (OpenCV)* [Brad08] oder das in der Medizininformatik oft verwendete *Insight Segmentation and Registration Toolkit (ITK)* [Yoo04], aber auch in Hardware realisierte Filter. Das Filterkonzept sorgt dafür, dass möglichst viele Implementierungen wiederverwertbar und vergleichbar sind. Die Kombination mit objektorientierter Programmierung erleichtert dies zusätzlich. In einem Bildverarbeitungssystem werden viele einzelne Filter zu sogenannten Filterketten zusammengesetzt und in einem Datenfluss abgearbeitet.

Mustererkennung: Die Mustererkennung ist ein über die Bildverarbeitung hinausgehendes Forschungsgebiet. In jeglicher Art von Daten wird versucht, Gesetzmäßigkeiten oder Ähnlichkeiten zu finden. Dieses erfordert eine Klassifikation der Daten nach syntaktischen, statistischen oder strukturellen Merkmalen. Mögliche Beispiele der Mustererkennung außerhalb der Bildverarbeitung sind die Spracherkennung und Sprecheridentifikation.

2.3.2 Farbbildverarbeitung

Farbe ist ein interessantes, aber auch anspruchsvolles Merkmal, welches in der Mustererkennung eingesetzt werden kann. Die Farbbildverarbeitung ist im Vergleich zur konventionellen digitalen Bildverarbeitung ein relativ junges Forschungsgebiet.

Wird mit Farbinformationen bei einem Inspektionssystem gearbeitet, werden diese zwar inzwischen oft an den Benutzer weitergegeben; allerdings gibt es nur wenige Bildverarbeitungsalgorithmen, die diese auch tatsächlich benutzen. Oftmals findet nur eine Mittelung bzw. Interpolation der Farbwerte ggfs. noch unter Einbezug eines Weißabgleiches statt. Eine Schätzung aus dem Jahr 2005 besagt, dass nur ungefähr 5% der verwendeten Systeme in der Qualitätssicherung Farbinformationen verwenden, obwohl ein Preisunterschied zwischen Farb- und Monochromkameras kaum noch vorhanden ist [Sand05].

Werden Farbinformationen durch digitale Kameras aufgenommen, kommt fast immer das bekannteste hardwarenahe RGB-Farbmodell zum Einsatz: Die Intensität der Farben rot, grün und blau wird durch Farbfilterung vor den Pixeln ermittelt. Im Abschnitt 2.3.3 wird dies weiterführend behandelt. Das RGB-Modell eignet sich zusätzlich nur begrenzt für die Entwicklung von farbsensitiven Bildverarbeitungsalgorithmen, weil es nicht der menschlichen Farbempfindung entspricht.

Um die Farbwahrnehmung besser abbilden zu können, wurden weitere Farbmodelle definiert. Mit dem HSV- bzw. HSI-Modell findet eine Transformation der RGB-Informationen in einen Farbtonwert (hue), einen Sättigungswert (saturation) und einen Intensitätswert (value bzw. intensity) statt, das der menschlichen Farbempfindung entspricht. Die Umrechnung zwischen dem HSV- und HSI- in das RGB-System und umgekehrt ist leicht unterschiedlich. Das HSI-Modell verwendet trigonometrische Funktionen zur Transformation zum RGB-Modell, wohingegen die Umrechnungen zwischen HSV und RGB auf diese verzichtet, dafür aber keine geschlossene Lösung ermöglicht. Einer der weiteren Unterschiede liegt in der Berechnung des Intensitätswertes. Während im HSI-Modell dieser dem arithmetischen Mittel der drei RGB-Werte entspricht, ist im HSV-Modell der maximale der einzelnen RGB-Werte mit dem Intensitätswert gleichzusetzen. Die genaue Umrechnungsweise zwischen RGB und HSV kann beispielsweise in Rehrmann [Rehr94] nachvollzogen werden. Die geschlossene Lösung der Transformationen zwischen RGB und HSI ist in den folgenden Gleichungen beschrieben:

$$\left.\begin{aligned} H &= \arctan\left(\frac{2R-G-B}{\sqrt{3}\,(G-B)}\right) \\ S &= \sqrt{\frac{(2R-G-B)^2}{6}+\frac{(G-B)^2}{2}} \\ I &= \frac{R+G+B}{3} \end{aligned}\right\} \quad \text{RGB} \rightarrow \text{HSI} \tag{2.1}$$

$$\left.\begin{aligned} R &= I+\sqrt{\frac{2}{3}}S\sin(H) \\ G &= I-S\left(\frac{\cos(H)}{\sqrt{2}}+\frac{\sin(H)}{\sqrt{6}}\right) \\ B &= I+S\left(\frac{\cos(H)}{\sqrt{2}}-\frac{\sin(H)}{\sqrt{6}}\right) \end{aligned}\right\} \quad \text{HSI} \rightarrow \text{RGB} \tag{2.2}$$

Um das Merkmal Farbe ausnutzen zu können, wird empfohlen, auf regionenbasierte Verfahren bei der Segmentierung zurückzugreifen; kantenbasierte Ansätze führen bei der Farbbildverarbeitung weniger zum Erfolg [Prie98]. Farbähnlichkeitsmaße erlauben den Grad der Übereinstimmung festzulegen und mit definierten Schwellen die Regionengrenzen zu bestimmen. Dies wird entweder durch die Verwendung einer Bewertungsfunktion [Neum05a] oder mittels geometrischer Abstände [Rehr94] durchgeführt. Im RGB-Farbraum existiert beispielsweise die Möglichkeit, einen Schwellwert für die Summe der Abstände der einzelnen Farbkanäle von zwei Pixeln ($R_1G_1B_1$ und $R_2G_2B_2$) zu definieren:

$$(|R_1-R_2|+|G_1-G_2|+|B_1-B_2|) \leq \Delta_{\text{Schwellwert}} \tag{2.3}$$

Dadurch wird eine Zuordnung und Abgrenzung zu Farbregionen möglich. Ein in dieser Arbeit verwendeter Algorithmus wird genauer in Abschnitt 3.3.1 beschrieben.

2.3.3 Sensoren für die Bildverarbeitung

In diesem Abschnitt werden Sensoren vorgestellt, die, wie das menschliche Auge, eine visuelle Szene in auswertbare (Bild-)Daten umwandeln können. Kameras mit einer lichtempfindlichen Detektormatrix (Chip) und digitaler Schnittstelle zum Computer sind eine Klasse dieser Sensoren, welche nun im Folgenden beschrieben werden.

Im Wesentlichen existieren zwei Technologien: der CCD[2]- und der CMOS[3]-Chip. Beide Kamerachips unterscheiden sich in ihrer Art, Photonen in messbare Spannungen umzuwandeln, sowie in ihren Eigenschaften.

Bei Farbkameras werden meistens Farbfilter vor jedem einzelnen Pixel angebracht. Zusammengefasst ergibt sich ebenfalls eine Matrix, der sogenannte Bayer-Filter. 50% der Pixel haben einen grünen und jeweils 25% einen roten bzw. einen blauen Filter. Hierbei gehen zwar Informationen verloren, aber für die Aufnahme von Farbbildern hat der Bayer-Filter sich als preiswerte Variante durchgesetzt.

Als Computerschnittstellen für stationäre Kameras (beispielsweise Webcams, Industriekameras, Mikroskopkameras) haben digitale Kameras die analogen abgelöst. Es kann deshalb auf zusätzliche Framegrabberkarten verzichtet und die üblichen Schnittstellen wie USB oder FireWire können direkt verwendet werden. Der Gigabit-LAN Standard oder CameraLink werden vorzugsweise dann eingesetzt, wenn höhere Übertragungsraten benötigt werden.

2.3.4 Beleuchtung

Die Objektbeleuchtung während Kameraaufnahmen ist nötig, wenn es sich nicht um selbstleuchtende Objekte handelt. Das auf die Oberfläche der Objekte einfallende Licht wird zu einem bestimmten Anteil im Sensor detektiert. Das Lambert'sche Gesetz beschreibt den idealisierten Zusammenhang zwischen der von einem Oberflächenelement zurückreflektierten Lichtstärke und dem Betrachtungswinkel. In der industriellen Bildverarbeitung wird normalerweise eine künstliche Lichtquelle verwendet. Ziel ist meistens eine gleichmäßige Ausleuchtung des Beobachtungsbereiches. Durch koaxiale Beleuchtung, Ringleuchten oder mittels mehrerer Lichtquellen wird dies möglich.

2.3.5 Bildbasierte Regelung

Regelungstechnik ist ein interdiziplinäres Fachgebiet, welches seinen Ursprung vor mehr als zweitausend Jahren in der Füllstandsregelung von Flüssigkeiten hatte [Dorf06]. Regelprozesse anhand verschiedener Stellgrößen und Rückkopplungssensorik sind beispielsweise in der Robotik [Wörn05a] durch die Verwendung von Encoderwerten in Gelenkmotoren oder der Kraft-Momenten-Sensorik bekannt.

Regelung wird nach DIN 19226 [DIN] wie folgt definiert: *Das Regeln, die Regelung, ist ein Vorgang, bei dem fortlaufend eine Größe, die Regelgröße (zu regelnde Größe), erfasst, mit*

[2]Abkürzung für *Ladungsgekoppeltes Bauelement* (engl. Charged Coupled Devices)

[3]Abkürzung für *Komplementär zueinander angeordnete Transistoren* (engl. Complementary Metal Oxide Semiconductor)

einer anderen Größe, der Führungsgröße, verglichen und im Sinne einer Angleichung an die Führungsgröße beeinflusst wird.

Als bildbasierte Regelung wird eine Technik verstanden, die die Rückkopplung innerhalb der Regelung anhand von Kamerabildern realisiert. Beispielweise können mechatronische Manipulatoren mit bildbasierter Regelung Greif- oder Positionieraufgaben lösen [Hage08, Parv96]; im Englischen wird in diesem Zusammenhang von *Vision based (robot) control* bzw. *Visual Servoing* gesprochen. Bei der bildbasierten Regelung werden segmentierbare Bildmerkmale benutzt, um den Manipulator kontinuierlich auszurichten. Bei Visual Servoing wird zwischen *position-based* und *image-based Visual Servoing* unterschieden. Die *position-based*-Variante rechnet die extrahierten Bildmerkmale in Positionsdaten um, während die *image-based*-Variante nur anhand von Bildern eine Neuausrichtung vornimmt. Weitere Details zu Visual Servoing können beispielsweise bei Corke [Cork93] nachgelesen werden.

3 Stand der Forschung

Die Abgrenzung der Inhalte dieser Dissertation zum Stand der Forschung ist in die folgenden Themenfelder gegliedert:

- **Laserablation**
  In Abschnitt 3.1 zur Laserablation wird zunächst Laser-Gewebe-Wechselwirkung allgemein und anschließend in Bezug auf Knochen vorgestellt. Lange Zeit war umstritten, dass eine patiententaugliche Laserknochenablation möglich ist, und dies ist auch bis zum heutigen Tag nicht nachgewiesen. Die Ergebnisse des Forschungszentrums caesar, Bonn, haben jedoch dazu beigetragen, dass ein Einsatz am Patienten in absehbarer Zukunft möglich wird.
- **Chirurgische Interventionen am humanen Felsenbein**
  Im Rahmen dieses Themenfeldes wird ein kurzer Überblick über die chirurgischen Eingriffe der Hals-Nasen-Ohrenheilkunde am Felsenbein gegeben. Intensiver werden hier die Cochleostomie für eine Innenohrimplantation, sowie Methoden, die sich mit dem Einsatz von Lasern und hochpräzisen Eingriffen befassen, diskutiert (vgl. Abschnitt 3.2). In dem Abschnitt finden sich auch die Arbeiten wieder, die sich mit verwandten Fragestellungen zu dieser Dissertation beschäftigen.
- **Prozessunterstützung durch Bildverarbeitung**
  In Abschnitt 3.3 werden Methoden der Unterstützung von Prozessen durch Bildverarbeitung betrachtet. Videoüberwachung mit nachgeschalteter Bildverarbeitung in Herstellungs- und Verarbeitungsprozessen erfolgt über vielfältige Parameter und Messsysteme. Form, Farbe und Reflektionsintensität sind hier nur einige wenige Merkmale. Besonderes Augenmerk wird in dieser Arbeit auf die Überwachung von Laserbearbeitungsprozessen gelegt.
- **Packprobleme**
  Die Literatur, die in Bezug auf Packprobleme mit der vorliegenden Dissertation verwandt ist, wird in Abschnitt 3.4 diskutiert.

Im letzten Abschnitt (3.5) wird diese Arbeit zum aktuellen Stand der Forschung in Beziehung gesetzt und es werden die über den Stand der Forschung hinausgehenden Fragestellungen vorgestellt.

3.1 Laserablation von Gewebe

Einen Einstieg in die Thematik bot bereits Abschnitt 2.1.1. Bei Müller et al. [Müll06], die einen Artikel von 1986 neu aufgelegt haben, werden die Grundlagen und die Historie des medizinischen Lasers besprochen. Aus den medizinischen Bereichen Augenheilkunde, Dermatologie, Zahnmedizin, HNO- und allgemeiner Chirurgie ist der Laser heutzutage nicht mehr wegzudenken. Ein klarer Vorteil in vielen medizinischen Laseranwendungen gegenüber dem konventionellen Skalpell ist, dass eine Wunde beim chirurgischen Eingriff gleichzeitig koaguliert (verödet) und steril, weil berührungslos, behandelt werden kann. Genauso kann mithilfe des Lasers Gewebe vaporisiert (verdampft) werden. Hierbei ist der Vorteil, dass kleine Gewebereste (Abraum) gleich mitentfernt werden, die beispielsweise beim konventionellen Bohren oder Fräsen an der Behandlungsstelle zurückbleiben würden. Somit wird deutlich, dass die richtigen Parameter für die jeweilige medizinische Anwendung bekannt sein müssen. Ein Laser kann durch seine spezifischen Eigenschaften (beispielsweise Wellenlänge oder Energiedichte) sehr gefährlich in der Wechselwirkung mit dem Gewebe des Patienten werden. In Abbildung 3.1 sind die Laser-Gewebe-Wechselwirkungsprozesse in Abhängigkeit von der Einwirkzeit und der Bestrahlungsstärke aufgetragen.

Weibrich et al. [Weib99] untersuchen die Gewebeschädigungen und -regenerationen nach Laseranwendung, wobei sie unterschiedliche Scanning-Systeme verwenden. Die vielfältige Anwendbarkeit der Laserablation zeigt die hohe Anzahl der Treffer in den Literaturdatenbanken (z.B. Medline-Treffer > 2300).

Im folgenden Unterkapitel wird die Knochenbearbeitung mit verschiedenen Lasersystemen genauer beschrieben. Ein weiteres Unterkapitel widmet sich dann der wasserunterstützten Laserknochenablation mit kurzgepulsten CO_2-Lasern. Der letzte Unterabschnitt befasst sich mit Sensorik für die Laserablation.

3.1.1 Laserknochenbearbeitung

Wechselwirkungen von Laser mit Knochen wurden erstmals 1964 von Lithwick et al. [Lith64] bzw. am Labyrinth von Stahle und Högberg im Jahr 1965 [Stah65] erwähnt. Etwa zehn Jahre nach der Entwicklung des Lasers wurden von Goldman et al. [Gold69] Löcher in Knochen ablatiert, was allerdings eine Fettembolie auslöste. Ein Jahr später veröffentlichte dieselbe Forschungsgruppe, dass Knochenschnitte an Hunden und Kaninchen mit dem CO_2-Laser durchgeführt worden seien [Gold70]. Polanyi, ein Koautor jener Veröffentlichung, beschreibt zusätzlich [Pola70], dass die meisten Gewebearten sauber durch Verbrennung oder Verdampfung geschnitten werden können. Hierbei wurde Knochengewebe explizit ausgeschlossen. 1982 erwähnt er in *Microscopic and Endoscopic Surgery with the* CO_2 *Laser* gemeinsam mit Andrews [Andr82] keine eigenen Laserosteotomien mehr, sondern verweist auf diesbezügliche Arbeiten von Verschueren [Vers76]. Dessen Dissertation wird im übernächsten Absatz besprochen. Verschueren beschreibt wiederum 1982 nur generelle Gewebereaktionen durch den CO_2-Laser, ließ aber die Hartgewebeablation aus [Andr82]. Dies lässt vermuten, dass zu diesem Zeitpunkt Knochenablation mit CO_2-Lasern als nicht durchführbar galt.

Engelhardt und Bimberg [Enge72] waren die ersten, die dem Thema *Osteotomie mit Laser* eine komplette Veröffentlichung widmeten. Nach ersten Experimenten mit einem Argon-Laser

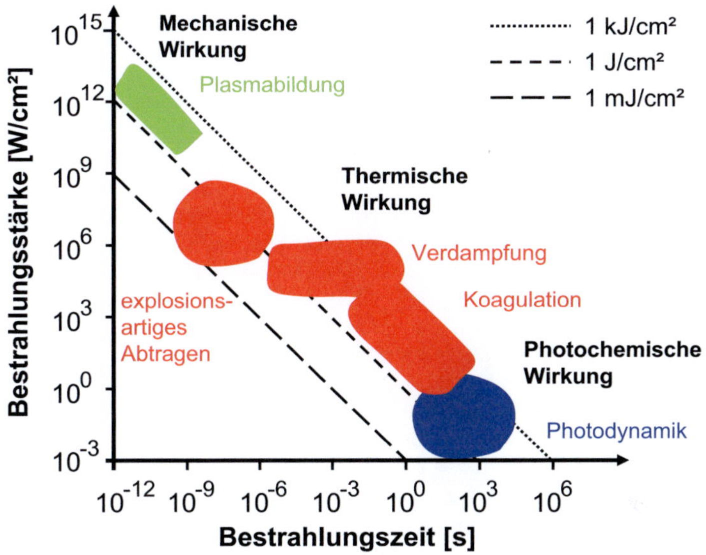

Abbildung 3.1: Übersicht der Laser-Wechselwirkungsprozesse von Gewebe (nach [Fren08]). Aufgetragen ist die Bestrahlungszeit gegen die Bestrahlungsstärke. Drei Linien mit Energiedichten von $1\,\mathrm{mJ/cm^2}$ bis $1\,\mathrm{kJ/cm^2}$ sind zur Orientierung eingezeichnet. Prinzipiell werden die Prozesse in die mechanische, die thermische und die photochemische Wechselwirkung eingeteilt. Es entstehen dabei verschiedene Gewebereaktionen wie Plasmabildung, explosionsartiges Abtragen, Verdampfung, Koagulation und photodynamische Prozesse.

benutzten sie für die genauer beschriebenen Versuche dann einen 250 W-CO_2-Laser. Der gesamte Schnitt durch den $10 - 35\,\mathrm{mm}$ dicken Knochen einer menschlichen Leiche erfolgte in einem Durchgang mit einem Vorschubtisch. Es kam zu Aufschmelzungen des Knochens, die von den Autoren zu dem damaligen Zeitpunkt als unkritisch bzgl. des Heilungsprozesses angesehen wurden. Mockwitz et al. [Mock75] veröffentlichten drei Jahre später In-vitro-CO_2-Laserschnittversuche am Oberschenkelknochen von Schweinen. Ohne thermische Schädigungen des mehrere Zentimeter dicken Knochens konnte dieser jedoch zu diesem Zeitpunkt nicht durchtrennt werden, obwohl mit reduzierter Laserenergie von 100 W in mehreren Zyklen der Schnitt abgefahren wurde. Histologische Untersuchungen an den Rändern des Laserschnittes zeigten deutliche Knochenveränderungen in mehreren $10\,\mu\mathrm{m}$ Tiefe.

Verschueren beschrieb eine Verzögerung des Heilungsprozesses bei der Anwendung eines 80 W-CO_2-Lasers sowie ebenfalls Aufschmelzungen [Vers76]. Diese Untersuchungen erfolgten an lebenden Hunden. Verschueren untersuchte in seiner Dissertation ebenfalls den ersten Knochenschnitt mit CO_2-Laser am Patienten. Horch et al. [Horc77, Horc84] führten eine Reihe von Experimenten bzgl. Schnittcharakteristik, thermischen Schädigungen, Histologie und Knochenheilung bei CO_2-Laserosteotomien durch. Abschließend ließ sich allerdings nur feststellen, dass noch technische Verbesserungen erfolgen müssten, damit die Laserknochenablation bei Operationen am Menschen eingesetzt werden kann. Hauptsächlich waren thermisch hervorgerufene Nekrosen und verzögerte Knochenheilung für diese Schlussfolgerung verantwortlich.

In den 1990er Jahren wurden die Effekte und Mechanismen der Knochenablation dann genauer untersucht. Prokopova et al. [Prok92] analysierten den thermischen Effekt während des CO_2-Laserknochenschneidens. Mit Thermoelementen wurden, abhängig vom Knochentyp (spongiös oder kompakt) sowie von der Schnitttiefe, Energiedichte und dem zeitlichen Verlauf, Messungen aufgenommen und aus diesen Daten temperaturabhängige Spineapproximationen erstellt. Die Autoren erwarteten eine Anwendbarkeit für die Onkologie und Chirurgie bei Knochen. Forrer et al. [Forr93] untersuchten, abhängig von der Emissionswellenlänge des CO_2-Lasers sowie der Pulsdauer, die Knochenablation. Bei kurzgepulster Laserablation ohne Plasmabildung ($1-5\,\mu s$ bei weniger als $25\,J/cm^2$) erwarteten die Autoren das medizinisch beste Resultat, d.h. mit der geringsten Karbonisation. Sie schlussfolgern aus ihren experimentellen Ergebnissen, dass die laserbasierte Osteotomie bei Pulsen über $100\,\mu s$ und niedriger Leistung wegen der Wärmeleitung in umliegendes Gewebe und der daraus resultierenden Verdampfung von Wasser bei mehreren aufeinanderfolgenden Pulsen zur Stagnation kommt. Bei höherenergetischen Pulsen ($> 40\,J/cm^2$) mit $250\,\mu s$ Länge gibt es zwar eine Ablation, allerdings führt der Wärmeeintrag an den Pulsflanken, an denen es wegen zu geringer Leistung nicht zur Ablation kommt, zur kritischen Erwärmung des Knochens. In Sobol et al. [Sobo95] werden drei Mechanismen der Laserknochenablation aus Experimenten ermittelt oder bestätigt:

1. Verdampfung des Knochens über 2000 °C,
2. Zersetzung von Collagen bei 500 °C und damit Zerstörung des Knochens durch hohe Gasdrücke,
3. Explosionsartige Ausdehnung von eingelagertem Wasser und dadurch Zerreißen des Knochens[4].

Obwohl sich die Studie von Weibrich et al. [Weib99] mit dem flächigen Laserabtrag von Weichgewebe beschäftigt, sind die Ergebnisse hier mit einzubeziehen. Die behandelten Phänomene der Gewebeschädigung und -regeneration können stellvertretend ebenfalls für Knochengewebe angesehen werden. Ziel vieler Laseranwendungen ist, einen möglichst karbonisationsfreien Gewebeabtrag zu ermöglichen. Dabei ist wichtig, dass die Bestrahldauer unterhalb der thermischen Relaxationszeit des Gewebes bleibt. Weibrich et al. vergleichen die CO_2-Laserablation bei verschiedenen Scanning-Systemen. Es werden Untersuchungen bezüglich Homogenität und Morphologie des Abtrages sowie der Karbonisation durchgeführt. Verglichen werden mechanisch angesteuerte mit elektronisch angesteuerten Laserscannern sowie auf dieselbe Größe defokussiert aufgeweitete Ablationsbereiche. Als schlechteste Ablationsmethode schnitt die defokussierte Laserbehandlung ab; die elektronisch gesteuerten Laserscanner wurden am besten beurteilt. Zusätzlich wurde auf eine starke Abhängigkeit der Schädigungen vom verwendeten Scanmuster aufmerksam gemacht.

Bisher wurde in diesem Abschnitt hauptsächlich der Gewebeabtrag mittels CO_2-Laser behandelt. Für die Verwendung von Argon-, Excimer-, Er:YAG-, Nd:YAG-, Ho:YAG oder KTP-Laser sind vielfältige Veröffentlichungen über die Hartgewebeablation bekannt; aktuelle Überblicke finden sich beispielsweise in den Dissertationen von Afilal [Afil04] und Werner [Wern06].

[4] Die Ausdehnung von Wasser hat einen ca. hundertmal größeren Effekt als die von (Hydroxyl-)Apatit.

3.1.2 Wasserunterstützte Laserknochenablation mit kurzgepulsten CO_2-Lasern

Die in diesem Abschnitt beschriebenen Arbeiten wurden größtenteils am Institut für Lasermedizin der Universität Düsseldorf bzw. in der Lasertechnologie-Gruppe des Forschungszentrums caesar[5] durchgeführt.

Bereits in der ersten Publikation zu dem Thema beschreiben Ivanenko und Hering [Ivan98], dass Wasser bzw. die Speicherung von Wasser in Knochen die Voraussetzung für einen karbonisationsfreien Knochenabtrag mittels CO_2-Laser ist. Mitra simuliert im Rahmen seiner Dissertation [Mitr02] physikalische Einflüsse mehrerer Parameter während der Laserknochenablation. Hierunter fallen die Pulsdauer, auch im Bezug auf die thermische Schädigungszone, die Pulsanzahl, Laserwellenlänge, Energiedichte und der Absorptionskoeffizient. Er modelliert durchgängig den Unterschied mit und ohne Berücksichtigung von Debris (Auswurf während Laserablation, Ablationsprodukte). Diese optimierten Parameter der Simulationsergebnisse kombiniert er mit einer Scannertechnik und zeigt experimentell damit erstmals Knochenschnitte, die tiefer als 1 cm in den Knochen hineingehen. Die Abweichung zwischen Modell und Experimenten begründet Mitra mit Absorptionsverlusten an schrägen Schnittwänden sowie mit der Debris. Er beschreibt außerdem die Histologie der mit CO_2-Laser bearbeiteten Knochen. Bei einzelnen Schnitten konnte die thermische Schädigung so weit reduziert werden, dass sie nicht mehr nachweisbar war. Voraussetzung dafür ist, dass ein Wasserspray auf den Knochen appliziert wird.

Afilal [Afil04] beschreibt weitere Knochenablationsuntersuchungen mit dem CO_2-Laser. Er vergleicht intensiv drei weitere Systeme (TEA, PL5 und Slab) zusätzlich zu dem von Mitra hauptsächlich untersuchten gütegeschalteten (Q-Switch) Laser. Afilal weist bezüglich des thermo-mechanischen Ablationsmodells darauf hin, dass das von außen zugeführte Wasser eine entscheidende Rolle auf die thermischen Nebenwirkungen (Karbonisation) hat. Bei den untersuchten Lasersystemen und einer breiten Streuung der anderen Laserablationsparameter wird eine Zufuhr von Flüssigkeit über das Luft-Wasser-Spray von $0.5 - 20\,\mathrm{ml/Min}$ benötigt. Afilal untersucht zudem den Einfluss eines elliptischen Fokus auf die Schnittgeschwindigkeit sowie die zeitliche Entwicklung der Laserenergie (zeitliche Pulsform). Angelehnt an die Vorgehensweise von Mitra untersucht er für die neuen Lasersysteme die Wirkung der Pulsdauer und der Energiedichte für die Ablation. Er demonstriert anhand von Tierversuchen eine neue Schneidetechnik für die Laserknochenablation. Das sogenannte Wobbelverfahren ermöglicht tiefere Schnitte (bis ca. 15 mm) als einfache Schnittmuster, was allerdings auch zur Folge hat, dass die Schnittbreite an der Knochenoberkante mehrere Millimeter breit wird. Die Aufweitung des Schnittspaltes erfolgt durch Überlagerung der lateralen Scannerbewegung mit einer zusätzlichen kreisförmigen Ablation. Die Tierversuche werden zusätzlich aus medizinischer Sicht durch von Hänsch [vHän04] beschrieben. Als Versuchsparameter wurde der CO_2-Slablaser mit einer Pulsdauer von $80\,\mu s$ und einer mittleren Leistung von 16 W (normale, schmale Schnitte; Laserwiederholfrequenz $f = 200\,\mathrm{Hz}$) bis 35 W (Wobbelschnitte; $f = 400\,\mathrm{Hz}$) verwendet. Für die schnellere Ausführung von tiefen Schnitten wird der Fokuspunkt des Lasers wenige Millimeter in das Knochengewebe hineinverschoben. Ivanenko fasste 2005 diese und weitere Ergebnisse aus physikalischer Sicht zusammen [Ivan05b, Ivan05c].

[5] Inzwischen wurde die Gruppe am caesar im Rahmen von Umstrukturierungsmaßnahmen und der Assoziation des caesars mit der Max-Planck-Gesellschaft aufgelöst.

Werner beschreibt die momentan aktuellsten Arbeiten der Arbeitsgruppe [Wern05, Wern06, Wern07b, Wern07c]. Auf Grundlage des thermo-mechanischen Ablationsmodells, welches auf der explosionsartigen Verdampfung des eingelagerten Wassers beruht, untersucht er die Effizienz des Abtrages abhängig vom Wassergehalt des Knochens. Er stellt heraus, dass konkurrierende Ablationsprozesse beim Abtrag des Knochens wirken. Des Weiteren erreicht Werner mittels der Wobbeltechnik eine Erhöhung der maximalen Schnitttiefe auf 20 mm und beschreibt das Vorgehen des Multi-Pass-Scannverfahrens ohne thermischen Eintrag ins Gewebe. Werner prognostiziert, dass eine Überwachung der Laserablation, vor allem in der axialen Richtung, beim Einsatz am Menschen nötig ist. In Tabelle 3.1 sind die wichtigsten Ablationsparameter aus den verschiedenen publizierten Forschungsaktivitäten zusammengefasst.

Tabelle 3.1: Zusammenfassung ausgewählter Ablationparameter von Knochen der Lasertechnologie-Gruppe des Forschungszentrums caesar in Bonn bzw. des Instituts für Lasermedizin der Universität Düsseldorf.

Angewandter Laser	Pulsdauer	Pulsenergie	Fokusdurchmesser	Quelle
Q-switched CO_2	400 – 500 ns	80 mJ	490 μm	[Ivan98]
Rofin SCx30 Slab CO_2	80 μs	80 mJ	230 μm	[Ivan06, Wern06]
Rofin SCx10 Slab CO_2	50 μs	19 mJ	220 μm	[Wern07a]

Im Jahr 2004 entwickelte sich zusätzlich der Bedarf, einen Roboter zur Positionierung des Scanners einzusetzen [Mühl04]. Obwohl dieses für 2005-07 im Sonderforschungsbereich *Informationstechnik in der Medizin - Rechner- und sensorgestützte Chirurgie* (SFB 414) beantragte Projekt *Roboterunterstützter Operationsarbeitsplatz* mit sehr gutem Ergebnis begutachtet wurde, kam es durch die Ablehnung der Fortführung des SFBs zu diesem Zeitpunkt nur zu Vorversuchen [Pete05, Wörn05b]. Die Möglichkeit der Umpositionierung des Strahlscanners und die daraus entstehenden wissenschaftlichen Herausforderungen werden inzwischen im Rahmen des EU-Projektes *Accurate Robot Assistant* bearbeitet [Burg10].

3.1.3 Sensorik für die Laserablation

Für die überwachende Sensorik der Laserablation wurden optische und akustische Methoden untersucht. Letztere basieren auf der Messung von Körper- oder Luftschall [Li92, Rupp03, Rätz04, Stei07] und streben eine Differenzierung von unterschiedlichem Gewebe durch die Analyse des akustischen Spektrums (bzw. piezomechanischen Schwingungsspektrum) an.

Die optischen Methoden lassen sich in drei Bereiche einteilen:

- Bereichsüberwachende Kameras [Serr99, Brei99, Krat03]
- Messung der Intensität oder des Spektrums des Prozessleuchtens [Russ99, Rupp03]
- Verwendung von optischer Kohärenztomographie [Bopp99, Ohmi04, Kang06]

Eine weitere Sensorik zur Kontrolle der Laserablation ist die Verwendung von Verfahren aus dem Bereich der (chirurgischen) Navigation. Zur Einstellung des korrekten Abstandes des Lasersystems zum Gewebe können Methoden der Triangulation [Aoki03] oder Navigationssysteme [Stop08a, Stop08b] verwendet werden.

3.2 Chirurgische Interventionen am humanen Felsenbein

Wie im Grundlagenkapitel beschrieben (siehe Abschnitt 2.2), durchziehen wesentliche Organe das Felsenbein. Ein chirurgischer Zugang in das Mittelohr bzw. die Paukenhöhle ohne Verletzung des Trommelfells erfolgt somit meistens durch Mastoidektomie, sowie anschließender posteriorer Tympanotomie [Jans67]. Dieser großvolumige Abtrag im Mastoid hinter dem Ohr mit einem Rosenbohrer kann bereits mit virtuellen Operationssimulationen trainiert [Tols07] sowie für die OP geplant und aus den Radiologiedaten semiautomatisch segmentiert [Sala06] werden. Neuere Zugangsformen durch minimal-traumatische Bohrkanäle werden derzeit erforscht [Riec07a, Nobl07, Majd08]. Eine häufige Indikation für eine derartige chirurgische Intervention ist die starke Schwerhörigkeit oder Taubheit. Mit dem Einsetzen einer elektronischen Hörprothese in die Cochlea, dem sogenannten Cochleaimplantat (CI[6]), werden überwiegend Kinder versorgt und somit akustisch (wieder) mit der Außenwelt verbunden.

In den folgenden Unterkapiteln werden, beginnend mit der Darstellung des Ablaufes von Computer- und Navigationsunterstützung, die Herausforderungen chirurgischer Interventionen am Felsenbein erläutert. In diesem Kontext wird auch die von den meisten Spezialisten akzeptierte Art der Insertion des CI beschrieben. Im letzten Unterkapitel wird die Abgrenzung zu bestehenden laserbasierten Eingriffen im humanen Felsenbein aufgezeigt.

3.2.1 Computer- und navigationsunterstützte Eingriffe

Die Basis der meisten computer- und navigationsunterstützten Eingriffe ist die pre- oder intraoperative Bildgebung. Anhand von Bilddaten der Computertomographie (CT) und Magnetresonanztomographie (MRT) werden viele Pathologien erst sicht- und quantifizierbar. Die Region des Felsenbeins bietet durch ihre vielen kleinen, kaum auflösbaren Strukturen besondere Herausforderungen, die erst durch die gemeinsame Verwendung von CT und MRT besser gelöst werden konnten [Czer00b, Gree02]. Aktuellere Arbeiten zielen zusätzlich auf hochaufgelöste Bildgebung [Gupt04] und weitere Modalitäten [Roth06, Pau07b] ab.

Der nächste Verarbeitungsschritt in der computerassistierten Chirurgie ist die Planung des Eingriffs, die inzwischen oft nicht nur auf Basis der Schichtbilder, sondern auf 3D-Rekonstruktionen beruht [Damm01]. Aufbauend auf einer solchen OP-Planung können nun chirurgische Navigationssysteme [Heer01] oder Roboter [Fede01] versuchsweise eingesetzt werden, um diese geplante OP umzusetzen. Die Unterstützung der CI kann hierbei unterschiedlich aufgefasst werden. Zum einen kann das Fräsen des Implantatbettes im Schädelknochen oder der Mastoidektomie verstanden werden [Plin01, Plin02] und zum anderen die computerunterstützte Ausführung der Cochleostomie (siehe nachfolgender Abschnitt 3.2.2) gemeint sein [Schi02, Schi04, Lasz04].

[6] Im Folgenden wird die Abkürzung CI sowohl für das Cochleaimplantat als auch für die Cochleaimplantation verwendet.

Darüber hinaus existieren mechatronische Ansätze zur Positionierung der Cochleaelektrode [Arca04, Zhan06, Huss08]

Eine computerunterstützte postoperative Qualitätskontrolle bildet das abschließende Element dieser Prozesskette. Hierfür wird hauptsächlich wieder Bildgebung eingesetzt. Bei der CI ist ein wichtiges Kriterium die Insertionstiefe bzw. die generelle Lage des Implantats in der Hörschnecke [Laws98, Czer00a, Neum05b, Post06, Whit08].

3.2.2 (Funktionserhaltende) Cochleostomie

In den ersten Jahren des CI wurde dieses hauptsächlich über das runde Fenster implantiert. Hierbei gab es wegen der anatomischen Form der Cochlea mehrere Widerstände und potentielle Verletzungsmöglichkeiten, die durch das Anstoßen der Elektrode an die Wandmembrane der Skala tympani entstanden [Zrun85]. Banfai schlug deshalb vor, am tiefsten Punkt der basalen Schneckenwindung die Skala tympani zu eröffnen [Banf77]. Die Cochleostomie mit künstlichem Zugang für das Einführen des CI wurde danach mehrfach beschrieben (z.B. [Lehn93, Taka95, Gsto00]) und ist die von den meisten Gruppen akzeptierte Art der Insertion des CI [Müll05, UKF08].

Diese mikrochirurgische Intervention findet ausgehend von der Paukenhöhle statt. Das Promontorium wird unter mikroskopischer Kontrolle mit einem feinen Diamantbohrer bearbeitet und der Knochen derart entfernt, dass die häutige Membran, die innenseitig den Knochen bedeckt, erreicht wird. In Abbildung 3.2 ist diese Vorgehensweise als Schnitt durch das Promontorium veranschaulicht. Als mehrstufige Darstellung ist das Aufsetzen des Bohrers, das Hineinfräsen sowie das Erreichen des sogenannten Endost (lat. Endosteum) zu erkennen. Unter dieser membranösen Auskleidung befindet sich die Perilymphe.

Bei dem Vorgang ist aus Sicht des Chirurgen das Endost nach der Freilegung mit dem Fräser als helle Struktur erkennbar (vgl. Abbildung 1.1). Das Einreißen des Endosts bei dem Knochenabtrag und der damit zumeist verbundene Austritt der Perilymphe kann zu vielfachen Schädigungen führen und sollte vermieden werden [Klen07b, Eshr06]. Die schwierige Aufgabe des Chirurgen ist es, eine ausreichende Membranfläche freizulegen, die dem Durchmesser des CI entspricht. Das Endost wird von den Resten des Knochenmehls und des Abriebs vom Fräser gereinigt und anschließend mit einem Skalpell geschlitzt. Das CI kann daraufhin in die Skala tympani eingeführt und der Zugang wieder verschlossen werden. Diese Technik wurde von Lehnhardt als *soft surgery technique* bezeichnet [Lehn93].

Die Abbildung 3.3 schließt hier inhaltlich an. Ist das Endost erreicht, kann sowohl eine Perforation durch den schnell laufenden Bohrer als auch ein leichtes Hineindrücken der Membran in die Perilymphe geschehen. Wird der Bohrer in diesem Stadium entfernt, verbleiben, durch die Form des Instruments bedingt, am Rand Knochenreste. Um das Cochleaimplantat komplikationslos einführen zu können, muss die Eröffnung möglichst über den gesamten Bohrlochdurchmesser erfolgen. Dies ist bei dieser Werkzeugform und der leicht verletzbaren Membran nur durch die Verwendung weiterer Instrumente oder über einen größeren Abtrag möglich (vgl. Abbildung 3.3 rechts). Bei der zuletzt beschriebenen Vorgehensweise erhöht sich wiederum das Verletzungsrisiko für das Endost.

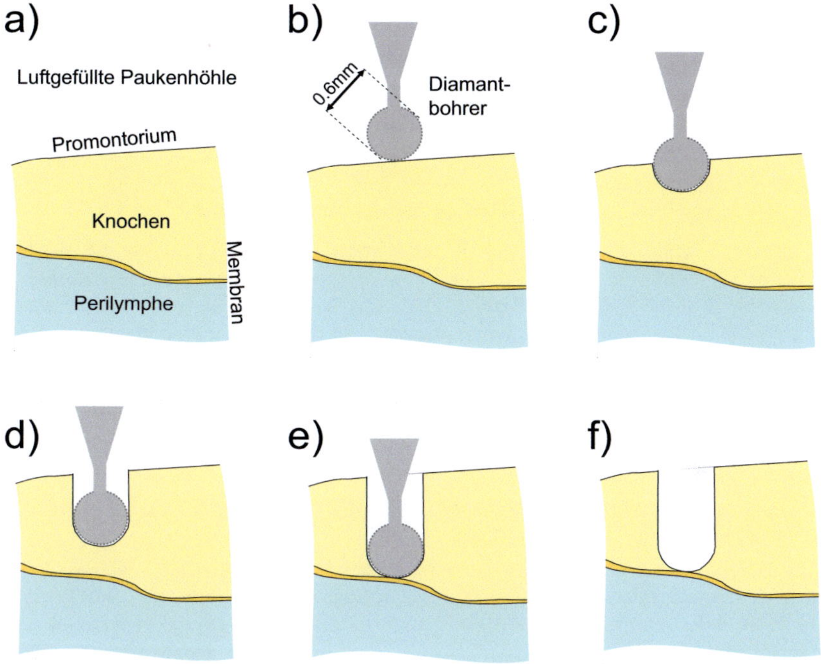

Abbildung 3.2: Verlauf einer Cochleostomie von der Knochenoberfläche bis zur membranösen Auskleidung der Cochlea.

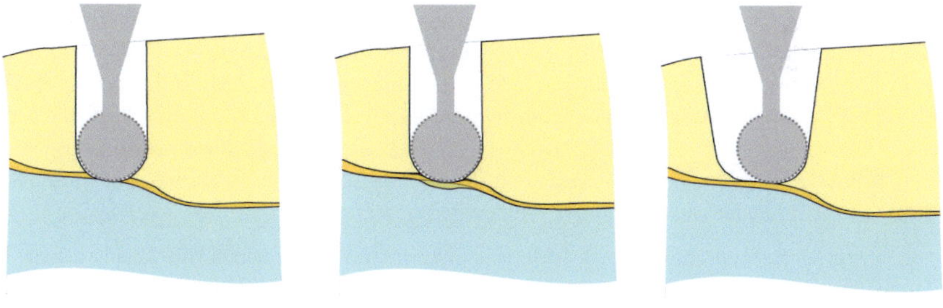

Abbildung 3.3: Möglicher OP-Verlauf an der Grenzfläche zum Endost. Bei der Entfernung des Knochenvolumens kann es zur Perforation der Membran an der Grenzfläche kommen, während versucht wird, eine genügend große Fläche der Membran freizulegen. Eine weitere Möglichkeit des OP-Verlaufs ist die Ablösung der Membran an den Knochenrändern. Der am häufigsten umgesetzte Verlauf ist eine großvolumigere Ausdünnung des Promontoriums.

Eine fehlerhafte Ausführung der CI kann zu verschiedenen Komplikationen [Kemp99], zum Funktionsverlust des Innenohres oder zum Verlust des Restgehörs (ohne Verwendung des CI) führen. Tödliche Meningitisfälle oder Verknöcherungen des Innenohrs wurden beobachtet, aber in neuerer Zeit weitestgehend durch die Implantation von bestimmten Elektrodentypen verhindert [FDA03, Lasz04, Bier06]. Fälschlicherweise oder besser unbewiesenermaßen wird oft davon ausgegangen, dass die soft surgery technique von Lehnhardt ein Garant für eine erfolgreiche, komplikationslose und somit hörresterhaltende CI ist [Prob98]. Es ist vielmehr so, dass diese Vorgehensweise während der CI eine gute Grundlage für erfolgreiches Operieren ist.

Auf Basis der soft surgery technique erfolgen diverse Untersuchungen um ein tieferes Verständnis für die Funktionsweise und Reaktionen des menschlichen Innenohrs zu bekommen (beispielsweise [Nard07]). Reproduzierbare Eröffnungen der Cochlea bzw. Entfernungen eines Knochenkanals im Promontorium gehören essenziell zu diesem Untersuchungsspektrum. Auch kann der beim Bohren oder Fräsen am Promontorium entstehende Lärm und Erhöhung der Temperatur zu einer Schädigung der Haarzellen innerhalb der Cochlea führen [Zou01, Pau07a]. Computerunterstützte, navigierte und robotische Methoden sollen Schädigungen verhindern [Schi04]. Im Folgenden werden zwei Forschungsarbeiten vorgestellt, bei denen mechatronisch unterstützte Cochleostomien durchgeführt wurden.

Das in Kooperation mit Chirurgen der HNO-Universitätsklinik Düsseldorf[7] am IPR der Universität Karlsruhe entwickelte hexapodbasierte System ermöglicht eine reproduzierbare Cochleostomie auf Basis von CT-Planungsdaten und einer Registrierung nach dem Goldstandard. Auf einer Hexapodplattform, die mikrometergenau positioniert werden kann, wurde eine medizinische Fräse befestigt, welche entlang der geplanten Trajektorien die Cochleostomie ausführt [Racz06, Klen06, Ngan07]. Bei hochaufgelösten CT-Daten, einer genauen Planung sowie geringem registrierungsbedingten Zielpunktfehler (Target Registration Error, kurz TRE; siehe [Fitz98]) und einer genauen Kalibrierung der Fräserspitze ist das reproduzierbare Aufbohren der Skala tympani möglich. Die Erweiterung durch konfokale Vermessung mit einer endoskopartigen Punktmesssonde für eine Oberflächenregistrierung des Promontoriums hat einen hohen Innovationsgrad, stellte sich allerdings als sehr zeitaufwendig heraus [Riec07b]. Der größte Nachteil dieser mechatronischen Unterstützung war, dass das oben beschriebene Endost nicht sensorisch erfasst wurde. In Abbildung 3.4 ist das System als Simulation und der Laboraufbau dargestellt. Abgebildet in der Simulation sind neben dem auf dem Hexapod befestigten Bohrer das aus den CT-Daten rekonstruierte Oberflächenmodell des Felsenbeins und ein mechanischer Messarm. Dieser wird für die Registrierung durch Antasten der Markerschrauben sowie ausgewählter Positionen im Hexapodkoordinatensystem verwendet. Das Bild des Laboraufbaus zeigt ein Präparat und den Hexapod mit der chirurgischen Fräse.

Bei dem zweiten System handelt es sich um eine rechnergesteuerte Linearachse mit Kraft-Momenten-Sensorik, auf der ein Bohrer montiert ist [Bret95]. Die Sensorik des Systems erkennt Übergänge zwischen verschiedenen Materialen durch die spezifischen Veränderungen der Kräfte und Momente. Damit kann eine Grenzschicht, wie sie beispielsweise bei Cochleostomien vorhanden ist, autonom erkannt werden [Coul07, Bret07]. Wird die Knochenschicht zum Ende des Bohrkanals dünner und gibt sie nach, verringert sich die gemessene Kraft innerhalb kürzester Zeit[8]. Das gleichzeitige Ansteigen der Momente wird dadurch begründet, dass der Abtrag nun

[7] Team um Prof. Dr. Schipper und PD Dr. Klenzner, ehemals tätig in Freiburg

[8] Ähnliche Untersuchungen für die Erkennung der Dura wurden am IPR [Aubr05, Pete07] durchgeführt.

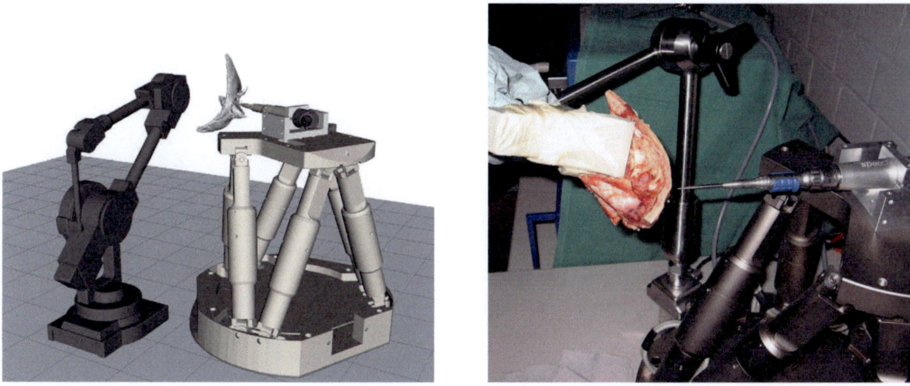

Abbildung 3.4: Simulation sowie Laboraufbau des am IPR im Rahmen der Dissertation von Ngan [Ngan07] entwickelten Hexapod-Systems für die Cochleostomie.

hauptsächlich an den Seiten stattfindet. In der Arbeitsgruppe um Coulson und Brett wurde von fünf tierexperimentellen und drei humanen autonom erfolgreich durchgeführten Cochleostomien berichtet [Coul06, Asto07].

Dieses System scheint aussichtsreich für eine computerunterstützte Cochleostomie zu sein. Es arbeitet mit der Sensorik, die auch der manuell operierende Chirurg während der OP bei der Cochleostomie verwendet, nämlich einem haptischen Feedback. Prozessparameter, wie Bohrervortriebsgeschwindigkeit und Umdrehungszahl, sind in den bisherigen Veröffentlichungen noch nicht zufriedenstellend beschrieben. Ein großer Nachteil dieses Systems ist, dass der Chirurg völlig der Kraft-Momenten-Sensorik vertrauen muss. Da der Bohrer während des Knochenabtrags das kritische Gebiet verdeckt, ist mit diesem System keine gleichzeitige visuelle Kontrolle des Bohrfortschritts möglich. Das System muss demnach von vornherein richtig ausgerichtet sein; nach dem Start des Systems gibt es keine lateralen Änderungsmöglichkeiten mehr, um eine eventuelle Korrektur für die Insertion des CI in die Scala tympani sicherzustellen. Ebenfalls ist ungeklärt, an welcher Position genau der Bohrprozess beendet wird und der Chirurg die Stelle manuell weiterbearbeiten muss. Abbildung 3.3 veranschaulicht diese Problematik. Stoppt der Bohrer zu früh, bleiben Knochenreste stehen, und bei der Einführung des Implantates ist ggfs. ein nicht ausreichender Durchmesser freigelegt. Es handelt sich bei diesen Untersuchungen um einen relativ langen Bohrer, bei dem zusätzliche Instabilitäten auftreten können.

Über die beiden detailliert vorgestellten Systeme hinaus, existieren Vorrichtungen, die das manuelle oder auch roboterassistierte Fräsen unterstützen sollen. Dabei ist die Gemeinsamkeit dieser passiven, an den Knochen geschraubten Halterungen, dass Freiheitsgrade eingeschränkt werden. Labadie et al. [Laba08] schränken die Richtung mittels miniaturisierter Rapid-Prototyping-Vorrichtungen und Savall et al. [Sava06] die Beweglichkeit des manuell geführten Bohrers zur Entfernung des Promontoriumknochens ein.

3.2.3 Chirurgische Eingriffe mit Laserunterstützung

Prinzipiell muss einerseits zwischen Lasern als Messinstrumenten [Mamm95, Zahn03, Sten04, Pau07b] und andererseits dem Einsatz der Laserstrahlung zur Entfernung von Gewebe unterschieden werden. Die meisten Veröffentlichungen von laserablatierenden Interventionen im Bereich des humanen Felsenbeins behandeln die Stapedotomie. Es handelt sich dabei um eine Perforation der Fußplatte des Steigbügels, die durch die Anwendung von Laserstrahlung ermöglicht wird. In Untersuchungen mit Meerschweinchen wurden verschiedene Laser bezüglich des Knochenabtrages und der potentiellen Schädigung der Innenohrfunktion evaluiert [Voll81, Jova95b, Jova95a, Jova00]. Diese vergleichenden Untersuchungen wurden am Patienten bzw. humanen Präperaten ebenfalls durchgeführt [Lesi89, Nage96, Mass05] und auf eine Ein-Schuss-Technik erweitert [Jova06]. In der Mittelohrchirurgie ergab sich darüber hinaus weiterer Forschungsbedarf bei der Bearbeitung der Gehörknöchelchen. So wurde beispielsweise die Verwendung von ultrakurzgepulsten Lasern getestet [Schw04, Ilgn06]. Eine Operation stellt in diesem Kontext die Teilresektion beispielsweise des Hammers dar, die bei Dazert et al. [Daze03] ebenfalls mit dem CO_2-Laser durchgeführt werden konnte. Dieser Laser kommt auch für die Paukenbelüftung in Frage [Sedl98]. Am Innenohr wurden Laser zur Entfernung von Verknöcherungen [Kaut94, Kaut96, Wang00] eingesetzt.

3.3 Prozessunterstützung durch Bildverarbeitung

In den letzten Jahrzehnten wurden mittels (semi-)automatischer Bildverarbeitung Prozesse sowohl für industrielle Aufgaben [VDI00, Dema02, Baue07] als auch im medizinischen Bereich [Sonk00, Hors07, Tolx08] mit zunehmender Häufigkeit unterstützt. In diesem Abschnitt werden zunächst State-of-the-Art-Bildverarbeitungsalgorithmen besprochen, die im Rahmen dieser Arbeit Verwendung fanden. Ein weiterer Unterabschnitt beschreibt den Prozess der Lasermaterialbearbeitung und geht dabei auf dessen mögliche Bildverarbeitungsunterstützung ein.

3.3.1 Beschreibung von Bildverarbeitungsalgorithmen

Bildverarbeitungsalgorithmen, die für die Prozessunterstützung verwendet werden können, sind sehr vielfältig. Beispielsweise wurde die Erkennung der Knochendicke während der Laserablation in der assoziierten Diplomarbeit von Mehrwald [Mehr07] mithilfe von zwei Filtern (Fast-Marching-Algorithmus und Watershed-Transformation) der Open-Source-Bildverarbeitungsbibliothek *Insight Segmentation and Registration Toolkit* (ITK) [Acke95, Acke03, Yoo04] sowie einer Methode der Clusterbildung (Fuzzy c-mean Algorithmus) gelöst.

Die für diese Arbeit benötigte Detektion des Endosts (vgl. Abschnitt 3.2.2) war nicht ohne größere Modifikationen mit den Algorithmen lösbar, sodass weitere Methoden auf ihre Verwendbarkeit untersucht wurden. Für die Aufgabe wurde deshalb innerhalb der vorliegenden Dissertation ein semiautomatischer Algorithmus aus dem Stand der Forschung ausgewählt und im Folgenden beschrieben.

Color-Structure-Code

Der Color-Structure-Code (CSC) ist ein regionenbasiertes Segmentierungsverfahren, welches an der Universität Koblenz von Rehrmann und Priese [Prie93, Rehr94] entwickelt und bisher hauptsächlich für die Erkennung von Verkehrsschildern entwickelt wurde, aber inzwischen auch für medizinische Datensätze verwendet wird [Schm08]. Der CSC ist eine Weiterentwicklung des *Hierarchischen Struktur Code (HSC)* von Hartmann [Hart87]. Beim CSC handelt es sich um eine Methode, welche die Farbinformation berücksichtigt. Ebenfalls wird eine Codierung verwendet, um in einer schnellen Datenstruktur die segmentierten Regionen identifizieren zu können. Alle Regionen werden indiziert und mittels eines Farbähnlichkeitsmaßes voneinander getrennt (vgl. Abschnitt 2.3.2). Der CSC besitzt eine hierarchisch aufgebaute, hexagonale Inselstruktur und ist parallelisierbar. Die zwei wichtigsten Phasen des Algorithmus werden im Folgenden beschrieben[9]:

- **Initialisierungs- und Codierungsphase:**
  In der Initialisierungsphase des CSC werden bildüberdeckend Inseln aus jeweils sieben Pixeln erzeugt. Jede hexagonale Insel überdeckt sich mit ihren Nachbarn. Liegen die Bilddaten nicht in hexagonaler Struktur vor, werden diese vorher umgeformt. Auf der jeweils höherliegenden Ebene vereinigt eine Insel sieben der Inseln aus der darunterliegenden Insel. Auf der höchsten Ebene liegt dann eine das komplette Bild überdeckende Insel vor. Ein quadratischer bzw. hexagonaler Bildbereich bietet sich deshalb an. Jede Insel besitzt eine Indizierung, die später auf die Position (u, v) innerhalb der Bildebene und die Ebene k schließen lässt.

  Aus den einzelnen Pixeln werden Regionen, sogenannte Codeelemente (CE), gebildet. Dabei entstehen auf Grundlage der Ursprungspixel die CE der Ebene 0. Zu diesen Regionen gehören jeweils mindestens zwei Pixel. Die Farbe jedes CE stellt den durchschnittlichen Wert der jeweiligen Region dar, welche allerdings in den höheren Ebenen nicht mehr direkt an die Bildpixel gebunden sein muss, sondern in verschiedenen Hierarchien vorliegen kann (vgl. Abbildung 3.5 links). Liegt keine Farbähnlichkeit vor, wird ein weiteres CE gebildet, allerdings wegen der oben beschriebenen Randbedingung maximal drei. Durch alle Ebenen hindurch könnten nun bei sinkender Auflösung, aber steigender Größe CE bestimmt werden (siehe Verknüpfungsphase).

  Die Datenstruktur der CE ist 32 Bit lang und enthält u.a. Informationen über die Farbe, die Form der Region und über ein Wurzelbit. In Abbildung 3.6 ist dieser erste Teil der Datenstruktur dargestellt: Die ersten 20 Bit beschreiben die Farbe, was zur Folge hat, dass die übliche Auflösung von 24 Bit reduziert werden muss; die nächsten sieben Bit beschreiben die Form, jedes Bit steht für eines der hexagonalen Elemente. Die vier folgenden Bit sind aus Gründen der Kompatibilität mit dem HSC freigelassen und das letzte Bit beschreibt das Wurzelbit, welches als Kennzeichnung für eine nicht weiter unterteilbare Region verwendet wird. Des Weiteren beinhalten die CE einen Zeiger auf das nächste CE derselben Insel sowie die Anzahl von Subcodeelementen (SCE) und einen Zeiger auf das erste SCE (jeweils verkettete Liste). Ein SCE übernimmt in den höheren Ebenen im weitesten Sinne die Rolle der Pixel aus Ebene 0.

[9] Die Nomenklatur wurde an die Beschreibung des frei verfügbaren Quelltextes angelehnt [Prie03]

- **Verknüpfungsphase:**
In der Verknüpfungsphase findet die eigentliche Regionenbildung statt. In einer Iteration durch die Ebenen werden die CE der $(n+1)$-ten Ebenen aus denen der n-ten Ebene erstellt. Durch den überlappenden Aufbau der Inseln kann dieses parallelisiert ausgeführt werden. Mittels des Farbähnlichkeitsmaßes werden zusammenhängende Regionen definiert. Ob zwei CE der Ebene $(n+1)$ zusammengehören, entscheidet sich zusammen mit dem Farbkriterium durch die gemeinsame Benutzung einer Region der Ebene n, einer sogenannten Subregion oder des bereits eingeführten SCE. Im rechten Teil von Abbildung 3.5 ist die Verknüpfung für zwei Ebenen dargestellt.

  Findet ein CE der n-ten Ebene keine Partner, um in der $(n+1)$-ten Ebene eine Region zu bilden, bekommt dieses das Wurzelbit gesetzt. Dies CE mit seiner SCE beschreibt dann eine unabhängige Farbregion, welche als abgeschlossen betrachtet wird. Je größer diese abgeschlossene Region ist, desto höher befindet sich das Wurzelbit in der hierarchischen CE-Struktur. Das Wurzel-CE beinhaltet die grobe Form, durchschnittliche Farbe und alle benötigten Information, um bis auf Pixelebene die Datenstruktur hinabzusteigen.

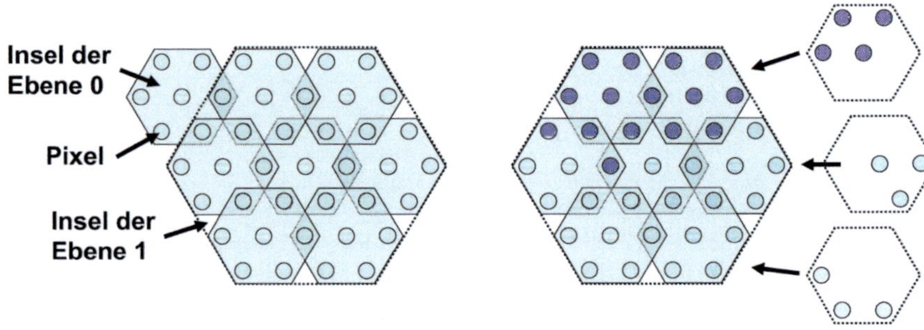

Abbildung 3.5: Darstellung der hexagonalen, hierarchischen Inselstruktur des CSC. Im rechten Bild ist ein Beispiel für die Verknüpfungsregeln von zwei Ebenen abgebildet.

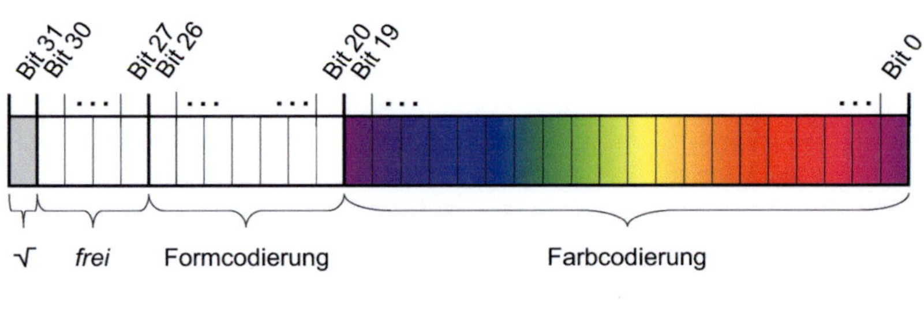

Abbildung 3.6: Codierter Teil der Datenstruktur des CSC.

3.3.2 Materialbearbeitung mittels Laser

Die Lasermaterialbearbeitung wurde anhand der Laserablation von Gewebe bereits in Abschnitt 3.1 eingeführt. Für diese Arbeit relevante Literatur mit nicht-medizinischem Kontext wird nachfolgend kurz dargestellt.

Einen Literaturüberblick über die Laserbearbeitung von technischen Werkstoffen geben Bäuerle et al. [Bäue04] oder ebenfalls Dutta Majumdar und Manna [Dutt03]. Eine Spezialisierung innerhalb dieses Gebiets stellt das Glätten von rauen Materialflächen zum Beheben von Defekten dar [Mend06]. Weitere aktuelle Veröffentlichungen beschreiben die laserbasierte Erstellung von Bohrlöchern in verschiedenen Materialien [Li02, Boot04, Pand06, Yash06, AlSu08]. (Bohr-) Löcher mittels Bildverarbeitung zu inspizieren und deren Oberflächen zu rekonstruieren, ist je nach Größe, Durchmesser-Tiefen-Verhältnis, Material sowie gewünschtem Automatisierungsgrad eine anspruchsvolle Aufgabe [Spin00, Mala03, Modr06].

Die Kombination aus bildverarbeitungsbasierter Prozessunterstützung und Materialbearbeitung mittels Laser zur direkten Regelung des Abtrags nicht-biologischer Materialien sind bekannt und werden durch Verwendung einer koaxialen Strahlführung von Videoüberwachung und Ablationslaser möglich [Krat03, Bäue04]. Zusätzlich zu diesen industriellen Anwendungen gibt es Bildverarbeitungsunterstützung in der Augenchirurgie. In einer Regelschleife werden potentielle Augenbewegungen für die Positionierung des Laserstrahls, der für eine Netzhautfixierung sorgt, verwendet [Dorf06].

3.4 Packprobleme

Pack- bzw. Behälterprobleme werden in der Mathematik und Informatik seit langer Zeit diskutiert. Wissenschaftlich geht die dreidimensionale Problematik in das 17. Jahrhundert zurück, als Kepler seine Vermutung zum Packen von Kugeln anhand von Untersuchungen aufstellte [Sche08]. In der Informatik beschreibt das Behälterproblem (engl. Bin Packing) ein kombinatorisches Optimierungsproblem mit NP-vollständiger Komplexität. In den folgenden Unterabschnitten sind Packprobleme im zwei- und im dreidimensionalen Raum dargestellt. Im Rahmen dieser Dissertation sind rotationssymmetrische Körper von besonderer Bedeutung, weswegen in diesem Abschnitt nur der Stand der Forschung Beachtung findet, der diese spezielle Art der Packprobleme behandelt. Ein letzter Unterabschnitt widmet sich Beispielen von Packproblemen mit medizinischem Hintergrund.

3.4.1 2D-Packproblem

Der einzige rotationssymmetrische Körper im zweidimensionalen Raum ist der Kreis. Die im Folgenden beschriebenen Arbeiten behandeln daher Kreispackungen. Dabei lassen sich folgende Kriterien für eine differenzierte Betrachtung definieren:

- Äußere Begrenzung für die zu packenden Kreise
    - vorhandene Begrenzung vs. unendliche Ausdehnung
    - Form der Begrenzung (Kreis, N-eck, Freiformfläche)

- Größe
  - alle Kreise gleich groß vs. unterschiedliche Größe
  - Größenverhältnis zu der äußeren Begrenzung
- Anordnung der zu packenden Kreise
  - Formfüllend vs. mit Abstand
  - überlappend vs. aneinanderstoßend
  - Stapelung
- Anzahl der zu packenden Kreise

In Abbildung 3.7 sind zwei prinzipielle Kreispackungen für eine gegen unendlich strebende Begrenzung sowie mehrere Kreispackungen von gleich großen Kreisen in eine kreisförmige Begrenzung (*Circles-in-Circles-Packing*). Die hexagonale Anordnung der Kreise ist gegenüber der quadratischen raumfüllender. Gauß bewies, dass die hexagonale die dichteste Packung von Kreisen ist (Dichte: $\pi/\sqrt{12} \approx 0.91$).

Das Packen von kleinen Kreisen in größere Kreise spielt in dieser Arbeit eine wichtige Rolle, weshalb hierauf im Folgenden noch weiter eingegangen wird. Beim Circles-in-Circles-Packing wird immer von einem Einheitskreis ausgegangen, in den mehrere kleinere Kreise hineingepackt werden. Wenn zu packende Kreise die gleiche Größe haben, sie formfüllend und aneinanderstoßend angeordnet werden, entstehen Kreispackungen wie in Abbildung 3.7 und 3.8. Durch die äußere kreisförmige Begrenzung entstehen, obwohl es sich um die dichteste Packung handelt, deutliche größere Freiräume zwischen den Kreisen als die oben vorgestellte ideale Dichte. Bei höherer Anzahl der zu packenden Kreise entstehen interessante Anordnungen. In Abbildung 3.8 sind 18, 19 und 20 kleine Kreise gleichen Durchmessers dargestellt. Zwischen 18 und 19 Kreisen ändert sich der Durchmesser nicht, aber das Verhältnis zwischen den Flächeninhalten stark. Die Anordnung bleibt hierbei gleich, nur dass ein weiterer Kreis im Zentrum hinzukommt. Kommt noch ein weiterer Kreis hinzu, ändert sich sowohl der Durchmesser als auch das Ausfüllungsverhältnis. In Tabelle 3.2 sind das Größenverhältnis und der Ausfüllungsgrad für die ersten 20 Kreispackungen zusammengestellt.

3.4.2 3D-Packproblem

Das anschaulichste Beispiel für das dreidimensionale Packen von Objekten ist die Kugelpackung, welche beispielsweise beim Stapeln von Apfelsinen auftritt. Es ergeben sich Anordnungen wie sie auch aus der Kristallographie bekannt sind. Die dichtesten Kugelpackungen sind die kubisch-flächenzentrierte und die hexagonale Packung. Der Raumfüllungsgrad dieser beiden Kugelpackungen beträgt $\pi/\sqrt{18} \approx 0.74$ [Weit04].

Für ungeordnete dreidimensionale Packungen ergeben sich bei Kugeln geringere Dichten. Werden Kugeln in einen Körper eingeschlossen, kann sich die Dichte wie im zweidimensionalen Fall weiter reduzieren [Birg08]. Die Anordnung von Ellipsoiden wurde ebenfalls untersucht [Done04, Done06]. In Abildung 3.9 ist das Packproblem von Ellipsoiden veranschaulicht. Experimentell wurden die Packung von Schokoladenlinsen in einem Glas untersucht [Chai08].

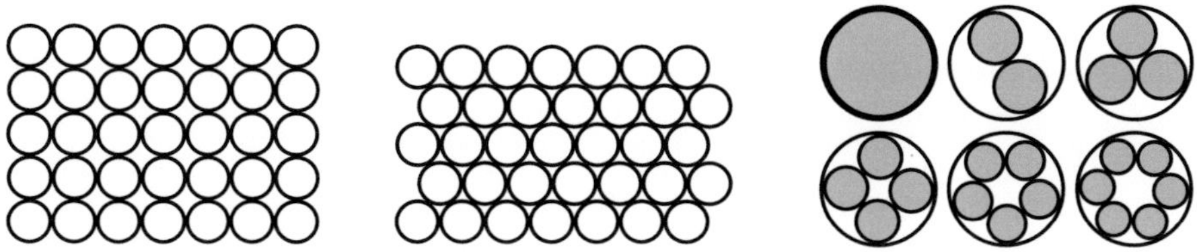

Abbildung 3.7: Kubische und hexagonale Kreispackung sowie sechs Packungen von kleinen in große Kreisen.

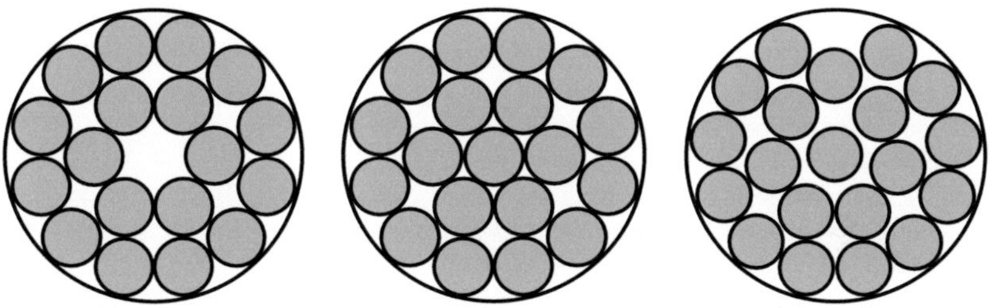

Abbildung 3.8: Circles-in-Circles-Packing von 18, 19 und 20 gleich großen Kreisen.

Tabelle 3.2: Zusammenstellung der Größenverhältnisse und des Ausfüllungsgrades von den kompaktesten (kleiner) Kreis-in- (großer) Kreis-Packungen für ein bis 20 kleine, gleichgroße Kreise.

Kreisanzahl der kleinen Kreise	Größenverhältnis der Radien der kleinen Kreise bzgl. des großen Kreises	Flächenverhältnis der aufsummierten kleinen Kreise zum großen Kreis	Kreisanzahl der kleinen Kreise	Größenverhältnis der Radien der kleinen Kreise bzgl. des großen Kreises	Flächenverhältnis der aufsummierten kleinen Kreise zum großen Kreis
1	100.0%	100.00%	11	25.5%	71.45%
2	50.0%	50.00%	12	24.8%	73.90%
3	46.4%	64.62%	13	23.6%	72.45%
4	41.4%	68.63%	14	23.1%	74.73%
5	37.0%	68.52%	15	22.1%	73.38%
6	33.3%	66.67%	16	21.7%	75.11%
7	33.3%	77.78%	17	20.9%	74.03%
8	30.3%	73.25%	18	20.6%	76.09%
9	27.7%	68.94%	19	20.6%	80.32%
10	26.2%	68.78%	20	19.5%	76.22%

3.4.3 Medizinisch motivierte Packprobleme

Für medizinische Anwendungen wurden bisher wenig Packprobleme abgeleitet bzw. identifiziert. Im Folgenden werden drei diskutiert.

Für die Erstellung des besten Bestrahlungsplans in der Radiochirurgie (Cyberknife [Chan01]) schlagen Yun et al. [Yun03] eine Methode vor, die darauf beruht, die jeweiligen Strahlungsdosen als Kugeln in der Gewebesimulation darzustellen und die Kugeln im Tumorvolumen so anzuordnen, das dies komplett ausgefüllt ist. Dafür führen Yun et al. eine Strafffunktion ein, die in einem heuristischen Ansatz nach der besten Verteilung sucht.

In der Augenchirurgie findet sich eine weitere bekannte chirurgische Anwendung des Packproblems, die der in dieser Arbeit beschriebenen sehr ähnelt. Mit der LASIK[10]-Technologie kann durch Vermessung des Linsenmaterials und Applizierung einzelner Laserpulse auf die Hornhaut ein individueller Operationsplan für die Korrektur der Fehlsichtigkeit erstellt werden. Ziel ist der definierte Abtrag des Linsenmaterials. Bisher können Durchmesser des Laserstrahls von 0.8 mm und Tiefen im Mikrometer-Bereich pro Ablationspuls berücksichtigt und die jeweiligen Ablationsvolumina berechnet werden. Insgesamt wird auf der Hornhaut ein Bereich von ca. 6 mm Durchmesser und pro zu korrigerender Dioptrien 12 μm Tiefe abgetragen [Huan03, Jimé05]. Obwohl es sich hierbei um ein Packproblem handelt, sind in den gängigen Literaturdatenbanken keine Veröffentlichungen diesbezüglich auffindbar.

Die dritte medizinische Anwendung des Packproblems wurde für die bessere Ausnutzung von OP-Räumlichkeiten, -Personal und -Materialien untersucht. Dexter et al. [Dext99] prüften zehn verschiedene Algorithmen und zeigten, dass die absteigende Anordnung der Eingriffe nach ihrer Länge das beste Ergebnis ergibt.

3.5 Defizite des momentanen Stands der Forschung und Ansatzpunkte dieser Arbeit

In den vorangehenden Abschnitten wurde der momentane Stand der Forschung im Umfeld dieser Dissertation dargestellt. In Abbildung 3.10 sind ausgewählte Eigenschaften und Funktionalitäten der dargestellten Systeme zusammengefasst. In der Matrixdarstellung sind farblich die Übereinstimmungen grün, nicht vorhandene Eigenschaften und Funktionalitäten rot und nur begrenzt Zutreffendes gelb gekennzeichnet. Die Inhalte der vorliegenden Dissertation schließen die Lücke der bisher noch fehlenden, idealen Methoden zur präzisen Knochenabtragung am Innenohr für die Unterstützung einer Cochleaimplantation.

[10] Laser in-situ Keratomileusis [Turn04]

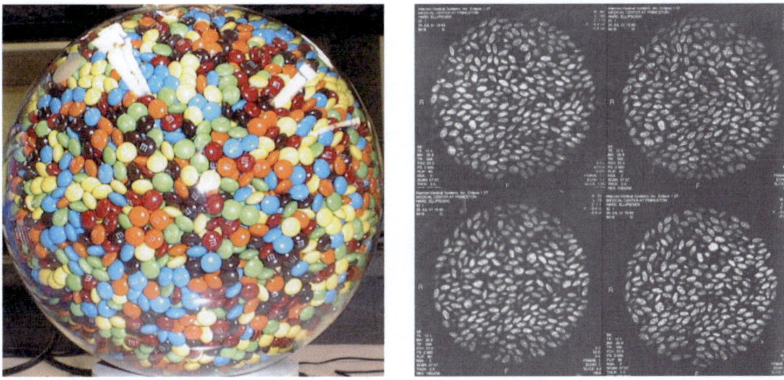

Abbildung 3.9: Packproblem mit Ellipsoiden in einem begrenzenden kugelförmigen Körper. Dargestellt ist das Packen von Schokoladenlinsen in einem Glas als Fotografie sowie als Schichtbilder der Magnetresonanztomographie (mit freundlicher Genehmigung von Paul Chaikin).

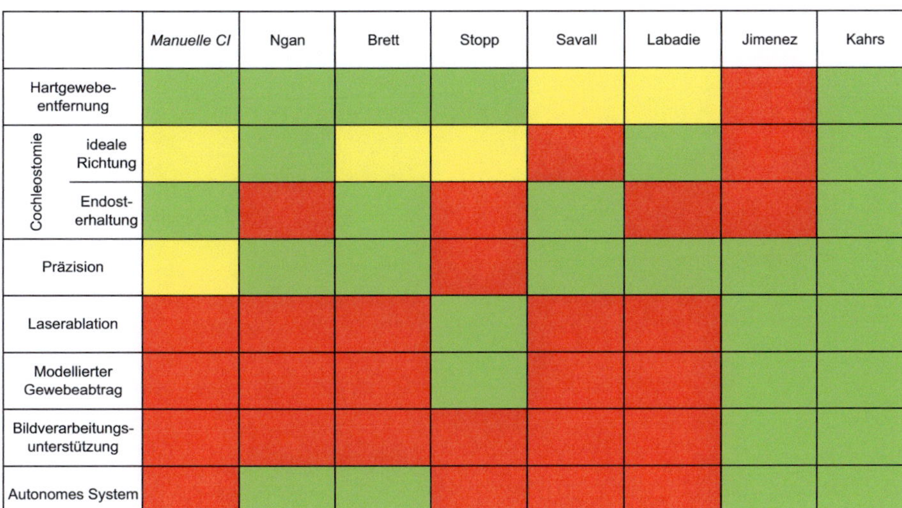

Abbildung 3.10: Vergleich der wesentlichen Eigenschaften der vorgestellten Arbeiten und Systeme, die im Stand der Forschung beschrieben wurden.

4 Methoden und Systementwurf

Im Rahmen dieser Dissertation wurden Methoden aus den Bereichen Laserknochenablation und Bildverarbeitung entwickelt und untersucht, die zu der erstmaligen Realisierung eines Systems für die bildverarbeitungsunterstützte Laserknochenablation führten. Dieses Kapitel umfasst die Ablationsplanung, die präoperativ der Ablationsprozess beschreibt, welcher dann nach der Positionierung und Registrierung mit dem Lasersystem ausführbar ist. Weiterhin wird mit der Prozesskontrolle eine Videoüberwachung für die bildbasierte Regelung vorgestellt. Abbildung 4.1 zeigt die Bereiche und Komponenten des Systems, welche sich in der folgenden Aufzählung

Abbildung 4.1: Die Komponenten des Systems zur bildverarbeitungsunterstützten Laserknochenablation.

als Gliederung des Kapitels wiederfinden:

- Ablationsplanung (Abschnitt 4.1),
- Lasersystem für die Knochenablation (Abschnitt 4.2),
- Registrierung (Abschnitt 4.3),
- Videoüberwachung (Abschnitt 4.4) und
- Prozesskontrolle (Abschnitt 4.5).

4.1 Ablationsplanung

Dieser Abschnitt enthält die Konzepte einer neuartigen, präzisen Planungskomponente für die laserbasierte Knochenentfernung. Die Planung und Simulation einer mikrochirurgischen Laserknochenablation sind aus der Literatur nicht bekannt. Wie bereits im Kapitel Stand der Forschung erwähnt, existiert zwar ein Ansatz im Bereich der navigierten Chirurgie [Stop08a, Stop08c], aber für die mikrochirurgischen Anforderungen, wie sie beispielsweise für die Cochleostomie benötigt werden, sind die erzielten Genauigkeiten sowohl in der Modellierung als auch in der intraoperativen Umsetzung nicht ausreichend. Im Folgenden wird die Planung und Simulation der mikrochirurgischen Laserknochenablation vorgestellt, die für die Fragestellungen innerhalb der vorliegenden Dissertation konzipiert und entwickelt wurden.

Die Ablationsplanung ist wie ein Teil eines präoperativen Operationsplanungssystems (vgl. [Scho02, Scho04]) beziehungsweise einer Werkzeugauswahl zur Entfernung von Knochen zu verstehen. Das Werkzeug Laser hat dabei gegenüber einem manuell geführten Bohrer den Vorteil, dass der Knochen feiner und kontrollierter abgetragen werden kann. Pro Puls wird bei den Referenz-Laserparametern (siehe Abschnitt 4.2.1) ungefähr 0.001 mm^3 Knochenvolumen abgetragen. Für den Abtrag von ungefähr 1 mm^3, wie es bei einer Cochleostomie typisch ist, werden demnach ca. 1000 Einzellaserpulsablationen benötigt. In Abbildung 4.2 ist ein rechnerischer Vergleich zur Eindringtiefe von zwei verschiedenen Bohrern dargestellt. Bei der Verwendung eines 1-mm-Bohrers und einer Eindringtiefe von 100 μm in den Knochen entspricht dies beispielsweise dem Volumen von knapp 30 Einzellaserpulsablationen. Wegen der Kugelform des Bohrers ist der Zusammenhang zwischen Volumen und Eindringtiefe innerhalb der ersten 0.5 mm eine nichtlineare Funktion.

In der Planung wird zunächst der Ablationsbereich festgelegt. Dies kann zum einen rein geometrisch (modellbasiert) oder zum anderen patientenindividuell unter Berücksichtigung der spezifischen Anatomie erfolgen. Im festgelegten Ablationsbereich müssen anschließend die Lasereinzelpulse derart verteilt werden, dass ein gleichmäßiger und grenzflächenerhaltender Abtrag garantiert ist. Dazu wurde eine Modellierung des Laserablationsprozesses vorgenommen, aus welcher sich dann die schichtweise Verteilung von Einzelpulsen ableitet. In den folgenden Unterabschnitten wird zunächst die Festlegung des Ablationsbereiches und anschließend die Modellierung des Laserablationsprozesses erläutert. Abschließend wird die Generierung der Einzelpulsverteilung dargestellt.

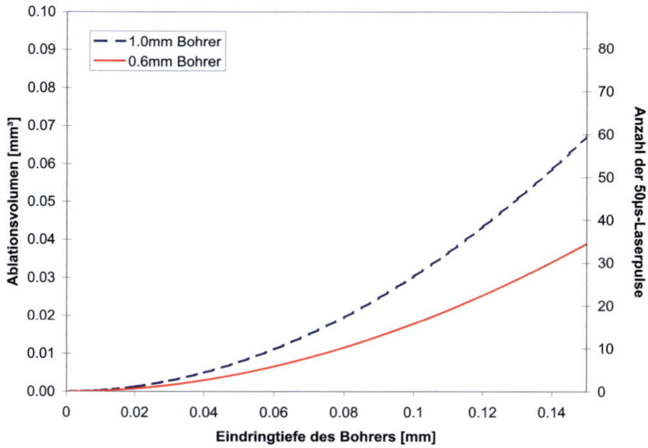

Abbildung 4.2: Vergleich des Ablationsvolumens von zwei verschiedenen Bohrern mit der Anzahl von Referenz-Laserpulsen in Abhängigkeit von der Eindringtiefe.

4.1.1 Festlegung des Ablationsbereiches

Mit Hilfe der Laserablation können nahezu beliebige Schnitte und Ablationskanäle in Hartgewebe erstellt werden. Mögliche Volumina des Ablationsbereichs korrespondieren mit verschiedenartigen Formen: Vielflach, Pyramiden, Keile, Zylinder, Quader, Halbkugeln, etc. Als Voraussetzung gilt, dass die gesamten Oberflächen der Ablationsvolumina von einem gemeinsamen Punkt mit Strahlen bzw. Geraden erreichbar sind. Drei beispielhafte Formen sind in Abbildung 4.3 dargestellt. Jedes der drei Ablationsvolumina ist $V = 2/3 \cdot \pi\,\mathrm{mm}^3$ groß. Der Ablationsbereich misst bei den drei Formen an der tiefsten Stelle jeweils 1 mm. Der Radius des Zylinders beträgt $r_{\mathrm{Zylinder}} = \sqrt{2/3}\,\mathrm{mm}$; die Kantenlänge der Pyramidengrundfläche ist $a_{\mathrm{Pyramide}} = \sqrt{2\pi}\,\mathrm{mm}$. Gleich große Volumina bedeuten, dass die benötigte Zeitdauer für die Ablation ungefähr gleich ist.

Die Form des Ablationsvolumens in dieser Arbeit ist in erster Näherung ein Zylinder. Die entscheidenden Parameter sind demnach Höhe (bzw. Ablationstiefe) und Durchmesser. Für den in dieser Arbeit zu ablatierenden Cochleostomiekanal betragen diese beiden Parameterwerte 1 mm. Dies beruht auf empirischen Annahmen. Innerhalb der implementierten Anwendung sind diese Parameter allerdings frei wählbar. Da die benötigte Ablationstiefe anhand des Modells, das sich aus den CT-Daten erzeugen lässt, nicht präzise bestimmt werden kann, wird dieser Parameter zunächst größer gewählt. Weil die Planung der Ablationseinzelpulspositionen bei dieser Vorgehensweise nicht vor der Grenzfläche aufhört, kann eine vollständige Knochenentfernung ermöglicht werden.

Der Durchmesser des Ablationsbereichs orientiert sich an dem Durchmesser des Elektrodenträgers des Cochleaimplantats. Erweiterungen der Formen der Ablationsvolumina sind durch eine robotische Führung des Lasers möglich (vgl. Abschnitt 8.3). Geringfügige Konizitäten der Körper sind allerdings bisher unvermeidbar.

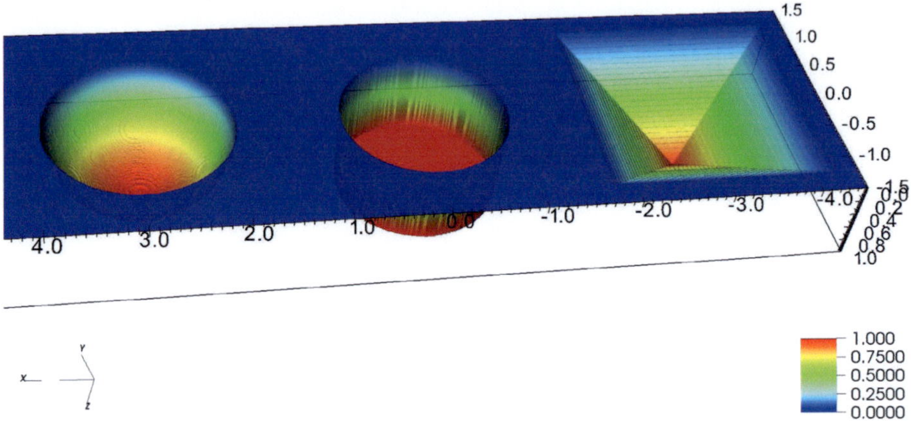

Abbildung 4.3: Drei mögliche Formen der äußeren Oberflächen des Ablationsbereichs mit gleich großen Volumina und Tiefen: Halbkugel, Zylinder und Pyramide (in mm).

Patientenindividuelle Planung

Bei einer patientenindividuellen Ablationsplanung, können innerhalb der CT-Daten zwei Bereiche definiert werden: ein sicherer und ein zu überwachender Ablationsbereich. Im sicheren Bereich kann dann der komplette Knochenabtrag ohne Überwachung stattfinden, was eine Zeitersparnis bewirken würde.

Die Grenzflächen, die während der Cochleostomie auftreten und potentiell in der patientenindividuellen Ablationsplanung berücksichtigt werden müssen, sind in Abbildung 4.4 dargestellt

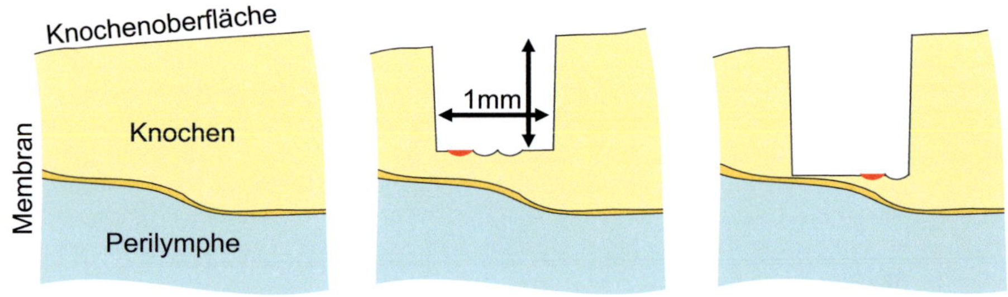

Abbildung 4.4: Schematischer Längsschnitt einer Lasercochleostomie in drei zeitlich aufeinander folgenden Stadien. Die Position, an der der Laser gerade eine Ablation durchführt, ist rot eingezeichnet.

und gliedern sich wie folgt:

- Grenzfläche 1: Paukenhöhle - Promontorium (Luft - Knochen)
- Grenzfläche 2: Promontorium - Endost (Knochen - Membran)
- Grenzfläche 3: Endost - Perilymphe (Membran - Flüssigkeit)

Wegen der kleinen Abmessungen der Einzelablationen kann an diesen (bzw. in der Nähe dieser) Grenzflächen eine präzise Bearbeitung des Knochens geplant und durchgeführt werden. Der interindividuelle Verlauf der membranösen Auskleidung der Cochlea kann so bei der Laserknochenablation berücksichtigt werden. Die Lokalisation der Membran und deren Einflüsse auf die Ablationsplanung, werden später diskutiert.

Weitere Grenzflächen können durch spongiöses Knochengewebe oder sprunghafte Übergänge zwischen unterschiedlich dichten Knochenmaterialien entstehen. Bei spongiösem Gewebe befindet sich im Knochen eingelagerte Luft, die im CT-Modell keine ausreichende Abbildungsgenauigkeit aufweist und deshalb bisher nicht in eine Simulation einbezogen werden kann. Eine weitere Herausforderung würde in diesem Zusammenhang die Messmethode zur Bestimmung der Positionen der eingeschlossenen Luft darstellen. Auch der Übergang zwischen verschiedenen Knochenmaterialien (vgl. beispielsweise Cochlea und Umgebung in Abbildung 2.6) ist innerhalb einer Planung nicht ohne Weiteres zu realisieren und ebenfalls präoperativ nicht einfach mit der nötigen Auflösung zu messen.

Die patientenindividuelle Planung wurde im Rahmen der vorliegenden Arbeit nicht verfolgt und implementiert, sollte aber bei einer klinischen Umsetzung wegen der möglichen Zeitersparnis realisiert werden. Dieser Punkt wird nochmals in Abschnitt 8.3 aufgegriffen.

4.1.2 Modellierung des Ablationsprozesses

Die Modellierung des Ablationsprozesses ist für einen gleichmäßigen und grenzflächenerhaltenden mikrochirurgischen Abtrag nötig. Nachdem das Ablationsvolumen und die Form festgelegt wurden, müssen die einzelnen Laserpulse modelliert werden, um diese anschließend im gesamten Volumen optimal positionieren zu können. Die Modellierung ermöglicht die Bestimmung und Variation der Abmessungen der Einzellaserpulsablationen. Bei der Modellierung werden zunächst Annahmen für den Ablationsprozess getroffen. Anschließend wird eine Repräsentation der Diskretisierung vorgestellt und die Einzellaserpulsvermessung erläutert.

Modellannahmen

Wird der Ablationsprozess oberflächlich[11] betrachtet, kann der Abtrag pro Puls als ein Volumenelement (Voxel) mit spezifischer Form angesehen werden. In dieser einfachsten Modellannahme kann jeder Puls als ein kubisches Voxel oder zumindest quadratisch in der Grundfläche simuliert werden. Dieses hat den Vorteil, dass diese Voxel direkt aneinanderstoßen und keine freien Volumen zwischen den Pulsen entstehen.

Eine Beobachtung mit Auflichtmikroskopie ließ bei genauer Betrachtung der verwendeten Laserablation auf Zylinder mit ca. 200 μm Durchmesser schließen. Die angenommene Tiefe pro

[11] oberflächlich im Sinne von nicht umfassend

Ablationspuls wird nach Messungen des Forschungszentrums caesar bei Standardparametern mit 50 μm angegeben.

Diese Zylinder sollen in der Planungssimulation in ein größeres Volumen gepackt werden. Bei der Definition von Stapelebenen ergibt sich eine zusätzliche Herausforderung: Zwischen zylinderförmigen Ablationsvolumenelementen, die gepackt werden, bleiben unweigerlich Zwischenräume. In einer zweiten Modellannahme der Ablation gilt es also, die Zwischenräume zwischen den Zylindern möglichst gering zu halten.

Die dritte Modellannahme diskretisiert den Prozess der Laserablation, indem für den Knochenabtrag die genaue Form jedes einzelnen Ablationspulses betrachtet wird.

Repräsentation der Diskretisierung

Das abzutragende Volumen pro Puls wie auch die Knochenoberfläche werden innerhalb der Diskretisierung in Form einer Matrix definiert, wobei von einem senkrechten Einfall des Laserstrahls auf die Oberfläche ausgegangen wird. Die Matrixelemente von den Tiefenwerten der Ausgangsoberfläche werden zu denen der Energieverteilung des applizierten Pulses addiert. In Abbildung 4.5 ist dies an einem Beispiel illustriert. Die Auflösung der Matrix bzw. Diskretisierung innerhalb der Simulationsumgebung sowie die Komplexität des Profils entscheidet über die Realitätstreue des Modells.

Einzelpulsvermessung

Um die Form des entfernten Volumens eines Ablationspulses vermessen zu können, wird eine experimentelle Methode benötigt, die eine Auflösung von einer bis drei Größenordungen unterhalb des Ablationsvolumen eines Einzellaserpulses besitzt. Dreidimensionale Oberflächenvermessungen oder Volumenbestimmungen im Submillimeterbereich können beispielsweise mit folgenden Methoden durchgeführt werden:

- Mikro-CT
- Triangulation im Rasterelektronenmikroskop
- Triangulation unter dem Lichtmikroskop
- Verwendung von Tiefenschärfe bei der Mikroskopie
- Rasterkraftmikroskopie
- Profilometrie
- Konfokale Mikroskopie

Die Wahl der Messmethode fiel wegen sehr guter Auflösung und guter Durchführbarkeit auf die konfokale Mikroskopie. Diese Methode wird im Folgenden beschrieben. Konfokale Mikroskope haben im Vergleich zu normalen Mikroskopen zwei zusätzliche Blenden, was zum einen dafür sorgt, dass die Probe nur punktförmig beleuchtet wird, und zum anderen, dass nur reflektiertes Licht aus einer Fokusebene in den Detektor fällt. Dafür ist diese zweite Blende zur Fokusebene der Objektivlinse konjugiert angeordnet. Zusätzlich zum Ausblenden defokussierter Bereiche ist ein weiterer Vorteil von konfokaler Mikroskopie die hohe laterale Auflösung.

Ausgangsoberfläche

0	0	0	1	1	1	1	1
0	0	1	1	1	1	1	1
0	0	1	1	1	1	1	1
0	1	1	2	2	1	1	1
0	1	1	2	2	1	1	1
1	1	1	1	1	1	1	1
1	1	1	1	1	1	0	0
1	1	1	1	1	0	0	0

+

Energieverteilung eines Pulses

0	1	1	1	0
1	1	2	1	1
1	2	3	2	1
1	1	2	1	1
0	1	1	1	0

=

Bearbeitete Oberfläche

0	0	0	1	1	1	1	1
0	0	1	2	2	2	1	1
0	0	2	2	3	2	2	1
0	1	2	4	5	3	2	1
0	1	2	3	4	2	2	1
1	1	1	2	2	2	1	1
1	1	1	1	1	1	0	0
1	1	1	1	1	0	0	0

Abbildung 4.5: Bearbeitung der Oberfläche in Matrizendarstellung.

Das verwendete konfokale Mikroskop μSurf der Firma NanoFocus AG ist in Abbildung 4.6 dargestellt. Neben der Fotografie während der Messung einer Knochenprobe ist das Funktionsprinzip abgebildet. Diese Technik wurde zum ersten Mal von Jordan et al. beschrieben [Jord98]. Eine rotierende Nipkow-Scheibe (Multilochblende) ermöglicht die schnelle Aufnahme einer lateral ausgedehnten Probe. Beispielhafte Berichte von Anwendungen der Messmethode sind aus der Halbleiter- [Evan06] und Pharmaindustrie [Bull03] vorhanden.

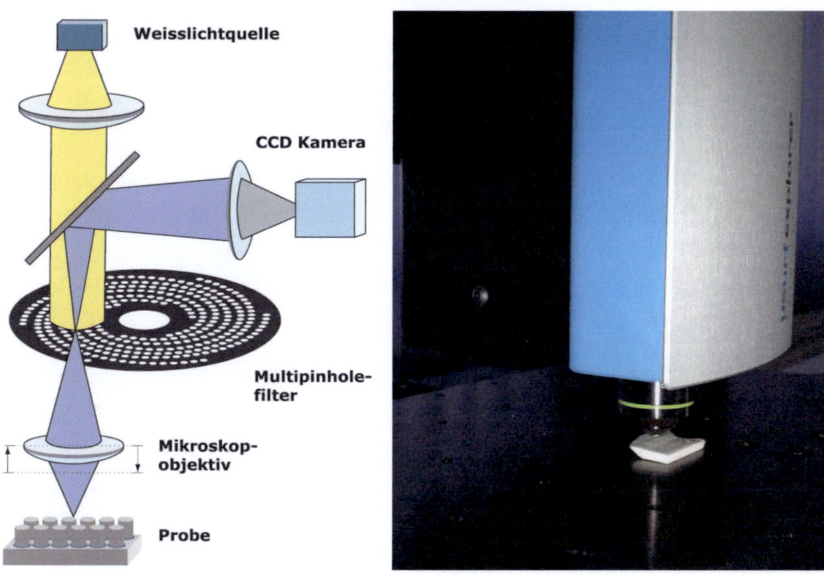

Abbildung 4.6: Das μSurf-Mikroskop der Firma NanoFocus; links: Funktionsprinzip (mit freundlicher Genehmigung der NanoFocus AG); rechts: Fotografie während einer Messung einer Knochenprobe.

Innerhalb weniger Sekunden ist die Oberfläche einer mikroskopischen Probe optisch abgetastet und die daraus resultierenden (x,y,z)-Daten können gespeichert werden. Das Gerät verfährt dabei seinen Messkopf in z-Richtung, sucht mittels konfokaler Technik nach den maximal gemessenen Lichtintensitäten und legt dadurch die jeweilige Profilhöhe fest. Die Reflexionen werden von einer Kamera mit 512 x 512 Bildpunkten und 10 Bit Auflösung detektiert. Weitere wichtige Eigenschaften des verwendeten Mikroskops sind in Tabelle 4.1 zusammengefasst. Das Gerät stand im Kundenzentrum Süd der NanoFocus AG in Ettlingen für Messungen zur Verfügung.

4.1.3 Schichtweise Einzelpulsverteilung

Nachdem die Form und Größe des pro Puls entfernten Knochenvolumens vermessen wurde, können viele dieser Einzellaserpulsablationen in das geplante Gesamtablationsvolumen eingepasst werden. Hierfür ist die Positionierung in Schichten sinnvoll, was sich aus der später erläuterten Videoüberwachung begründet. Eine Anordung in Schichten ermöglicht, den gesamten Ablationsbereich zu jedem Zeitpunkt sicher zu kontrollieren.

In Abbildung 4.7 sind für ein pyramidales Ablationsvolumen 20 Schichten mit jeweils 50 μm Dicke dargestellt. Die hier gewählte Schichtdicke ergibt sich aus der maximalen Ablationstiefe der Referenz-Laserpulse. Die Gesamttiefe des Ablationsbereichs wird über die Anzahl der an derselben Position applizierten Laserpulse festgelegt.

Die Verteilung der Einzellaserpulspositionen im gesamten Ablationsvolumen ist ein Packproblem und aus Abschnitt 3.4 bekannt. Das zweidimensionale Packen der Einzelpulsablationen pro Ebene ist das *Circle-in-Circle-Packing.* In Abbildung 4.8 sind drei Ebenen zur Verdeutlichung des Packens der Ablationseinzellaserpulse dargestellt. Gezeigt sind die Umrisse jeder Einzelpulsablation als weiße Kreise. Die quadratische Grundfläche beschreibt die Simulationsfläche bzw. -matrix. Das Gesamtablationsvolumen ist als Zylinder definiert und läßt sich durch Hineinlegen eines Umkreises um die Bereiche der Einzelpulsablationen erkennen.

Tabelle 4.1: Zusammenfassung der wichtigsten Eigenschaften des konfokalen Mikroskops μSurf der NanoFocus AG [Nano08].

Eigenschaft	Wert
Typische Messzeit	5 – 10 s
Auflösung X,Y [a]	0.5 – 3.1 μm
Auflösung Z [a]	2 – 20 nm
Vergrößerungsfaktor [a]	10x – 60x
Messfeld bei 10-facher Vergrößerung	1600 μm x 1600 μm
Messfeld bei 60-facher Vergrößerung	260 μm x 260 μm
Stitching	möglich
Arbeitsabstand [a]	0.4 – 12.1 mm
mögliche Reflektivität der Probe	1 – 100 %

[a] abhängig vom verwendeten Objektiv

Die verwendeten Algorithmen für diese Verteilungen werden gesondert in Abschnitt 5.2 beschrieben. Nach der Berechnung der idealen Verteilung der Einzellaserpulspositionen werden diese dem Lasersystem bzw. Strahlscanner in (x,y)-Koordinaten übergeben. Der z-Wert der Simulationsergebnisse wird verwendet, um den Abstand zwischen Strahlscanner und Knochen anzupassen (siehe Abschnitt 4.5.3).

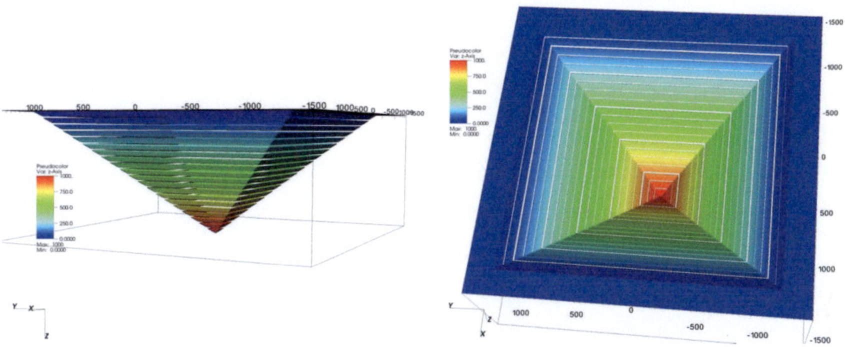

Abbildung 4.7: Seitenansicht und Aufsicht eines beispielhaften Ablationsbereichs mit Unterteilung in 50 μm-Schichten.

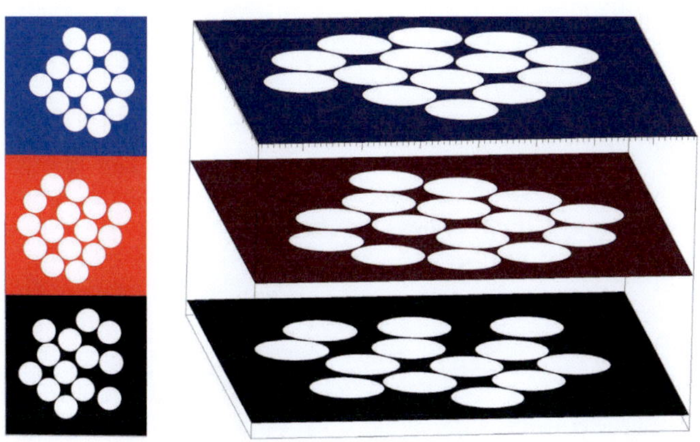

Abbildung 4.8: Beispielhafte Verteilung von Einzelpulsablationen zur Erstellung eines zylindrischen Gesamtablationsvolumens. Dargestellt sind in Aufsicht und Seitenansicht drei aufeinander folgende Ebenen mit den weiß dargestellten Positionen, an denen die Laserpulse in den Knochen appliziert wurden.

4.2 Lasersystem für die Knochenablation

In diesem Abschnitt werden die Komponenten und Methoden des Lasersystems vorgestellt, die im späteren Abschnitt 4.4 um die Sensorik der Videoüberwachung zur bildverarbeitungsbasierten Grenzflächendetektion erweitert werden. Die Grundfunktionalität der Knochenentfernung wird durch die Verwendung eines CO_2-Lasers und eines Laserstrahlscanners ermöglicht. Die beiden Komponenten wurden vom Forschungszentrum caesar für die Durchführung der Laserknochenablation empfohlen.

Waren bei den bisherigen Arbeiten zur CO_2-Laserknochenablation der Durchmesser des Laserstrahls ($\sim$ 200 μm) ein zu vernachlässigender Parameter, steigt diese Größenordnung in den mikrochirurgischen Anwendungen der vorliegenden Dissertation über den maximal zulässigen Fehler weit hinaus. Deshalb werden während der nachfolgenden Darstellung der gesamten Komponenten und Methoden für die neu entstandenen mikrochirurgischen Genauigkeitsanforderungen die inhärenten Fehlerquellen aufgezeigt.

4.2.1 CO_2-Laser

Der verwendete gepulste CO_2-Laser wurde bereits in den Abschnitten 2.1.3 und 3.1.2 beschrieben. Bei dem Laser handelt es sich um einen ROFIN SC x10 mit einer Wellenlänge von 10.6 μm, der maximalen durchschnittlichen Leistung von 100 W und einer möglichen Pulsfrequenz von bis zu 10000 Hz [Rofi04]. Dieser Slab-Laser wird in der Industrie beim Schneiden von Papier, Glas, Holz, Dünnblech, Kunststoffen und Rapid Prototyping sowie zum Markieren eingesetzt.

Die technischen Spezifikationen des Lasers erlauben ebenfalls die Anwendung der vom Forschungszentrum caesar definierten Parameter für die Hartgewebeablation. Der Laser wird hierfür mit den folgenden typischen Werten betrieben:

- Pulslänge bzw. -dauer l_p: $0 \cdots 100\,\mu s$
- Pulsfrequenz f_p: $0 \cdots 200$ Hz

In Abbildung 4.9 sind zwei Pulse auf der Zeitachse für $l_p = 50\,\mu s$ und $f_p = 50$ Hz illustriert. Jeder 50 μs-Puls hat ungefähr eine Energie von 19 mJ, was einer (Peak-)Leistung von 380 W entspricht. Wird die pulsfreie Zeit mit einberechnet (duty cycle), entsprechen diese Einstellungen einer mittleren Laserleistung von ungefähr 1 W [Wern07a].

4.2.2 Der Laserstrahlscanner

Direkt an den Laser angekoppelt befindet sich der 2D-Strahlscankopf Colibri der Firma Arges GmbH [Arge08]. Er lenkt den Laserstrahl mit Hilfe von zwei Spiegeln in einer Fokusebene in x- und y-Richtung ab[12]. Für die Fokussierung befindet sich hinter den Spiegeln die bereits oben erwähnte Linse mit einer Brennweite von 100 mm. Die Vorgehensweise zur Kalibrierung des Scankopfes wird in Abschnitt 4.2.4 beschrieben. Hier wird zunächst von einem kalibrierten

[12] Innerhalb des Ablationsgebietes der Cochleostomie in der Größenordung von Quadratmillimetern kann der Bereich als Ebene approximiert werden. Je nach verwendetem Linsentyp und Ausdehnungsbereich entspricht die Ebene eher einer 3D-Fokuskurve.

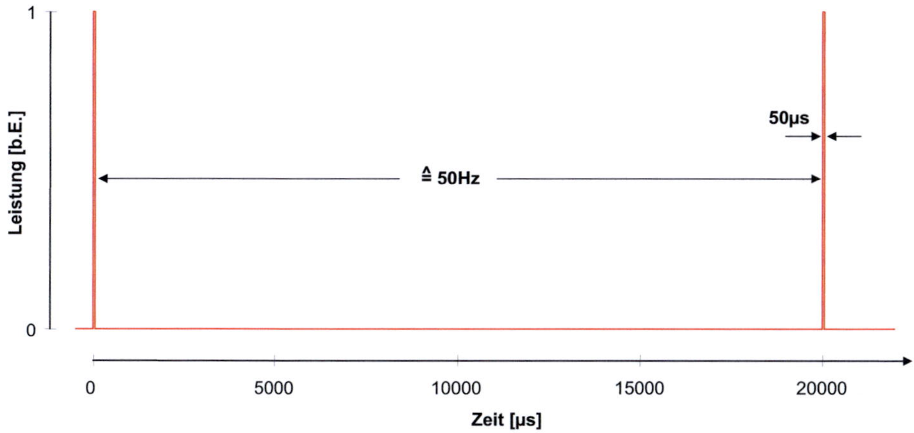

Abbildung 4.9: Typische Pulsrate und -länge des verwendeten CO_2-Lasers.

System mit dem Ursprung im Laserbearbeitungskoordinatensystem ausgegangen. Die Fokusebene beschreibt die $(z = 0)$-Ebene; in der Ausgangsstellung der Spiegel wird der Laserstrahl an die Position $x = y = 0$ abgelenkt. In Abbildung 4.10 ist das Koordinatensystem des Laserstrahlscanners dargestellt.

Zwei wichtige Parameter aus dem Datenblatt des Scanners [Arge08] betreffen die Wiederholgenauigkeit r_{Colibri} und den Langzeitdrift d_{Colibri}. Die Obergrenzen betragen $r_{\text{Colibri}} = 20\,\mu\text{rad}$ und $d_{\text{Colibri}} = 0.3\,\text{mrad}$. Bei einem Arbeitsabstand (Fokuslänge + Strecke zum Spiegel im Gehäuse) von 127 mm berechnet sich über die trigonometrischen Funktionen eine laterale Abweichung in der Fokusebene von $\Delta_r = 2.5\,\mu\text{m}$ und $\Delta_d = 38.1\,\mu\text{m}$. Der Fehler, der durch die begrenzte Wiederholgenauigkeit entsteht, ist dabei zu vernachlässigen.

Der Langzeitdrift wurde in den Experimenten bisher nicht beobachtet, ist aber für die hier abgehandelte mikrochirurgische Anwendung eine ernstzunehmende Größe, die in weiterführenden Untersuchungen beachtet werden sollte.

Abhängig von der Brennweite der verwendeten Sammellinse, der Apertur des Systems[13], der Strahlführung, des Abstands zum Knochen und der Pulslänge kann das ablatierte Knochenvolumen und dessen Form pro Puls variieren. Die Referenz-Laserparameter für die Cochleostomie wurden innerhalb einer Staatsexamensarbeit [Harb08] auf eine Pulslänge von $50\,\mu s$ bei einer Pulsenergie von 19 mJ und - bei aufeinander folgenden Pulsen - eine Repetitionsrate von 50 Hz festgelegt. Standardmäßig wird der Laserstrahl mittels einer Linse in einer Brennweite von 100 mm so fokussiert, dass der Fokuspunkt an der Knochenoberfläche liegt. Die Apertur beträgt 11 mm. Diese Parameter führen zu einem Ablationsbereich von ungefähr $200\,\mu m$ im Durchmesser und $50\,\mu m$ in der Tiefe. Die Vermessung der exakten Form des Ablationsvolumens pro Laserpuls wurde in Abschnitt 4.1.2 beschrieben.

[13]Die Größe der Apertur beschreibt den schmalsten Durchmesser im Strahlengang.

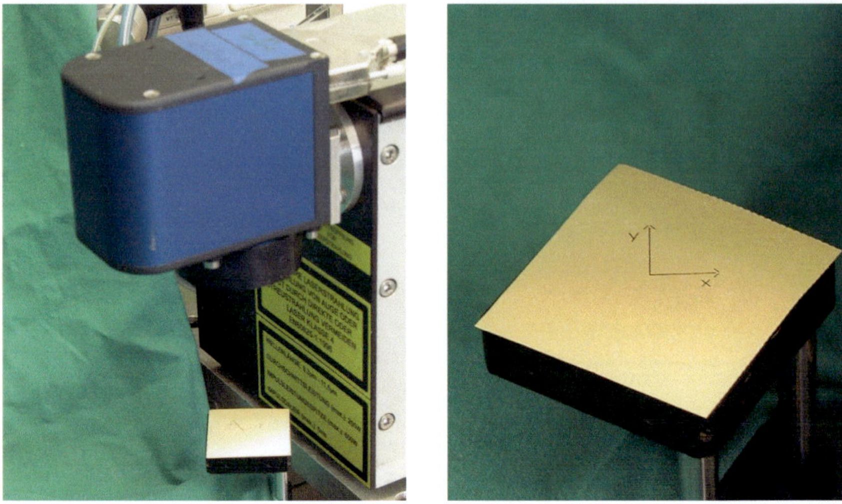

Abbildung 4.10: Zwei Ansichten des vom Laser(-strahlscanner) erstellten Koordinatensystems. Links ist eine Übersicht über die Anordnung des an den Laser montierten Strahlscanners und der Fokusebene mit dem Koordinatensystem dargestellt. Rechts sind die x- und y-Achsen, beginnend im Ursprung des Laserkoordinatensystems, vergrößert abgebildet. Die z-Achse steht senkrecht auf den beiden anderen und zeigt in Richtung Strahlscanner.

4.2.3 Steuerung des Lasers und des Scanners

Zur Ansteuerung des Lasers und des Scanners bietet die Arges GmbH eine PCI-Controller-Karte sowie Software an [Arge08]. Die Controller-Karte kann auf mehreren Prozessoren gleichzeitig hierarchisch beschriebene Aufgaben in Echtzeit verarbeiten. Diese Karte wurde in den Rechner integriert, der das gesamte bildverarbeitungsunterstützte Laserknochenablationssystem steuert und kontrolliert.

Die Arges-Software *InScript* ermöglicht eine Planung und Visualisierung der Laserablation. Graphische Primitive wie Punkte, Linien und N-ecke sowie komplexere Muster wie Buchstaben oder Bitmaps können als Pfade, auf denen der Laser sich in der x-y-Ebene bewegt, definiert werden. Konventionell, d.h. in der vom Forschungszentrum caesar verwendeten Methodik, werden die Ablationsmuster für das Laserknochenschneiden und -bohren auf diese Weise geplant.

In Abbildung 4.11 sind mehrere konventionelle Ablationsmuster für das Bohren eines 1-mm-Loches dargestellt. Die Muster unterscheiden sich hauptsächlich durch die unterschiedliche Ausfüllung des Bohrlochs. Findet in a) noch eine Kernbohrung statt, wird in b) bereits mit einem Abstand von 200 μm das Bohrloch mit Ablationslinienzügen überstrichen und somit komplett ausgeschachtet. Die Breite der Linien und der Durchmesser des pulsweisen Abtrags sind in der InScript-Ablationssimulation nur halb so groß dargestellt, wie sie in der Realität dann appliziert werden. Die Kreise des pulsweisen Abtrags hätten ansonsten genau einen

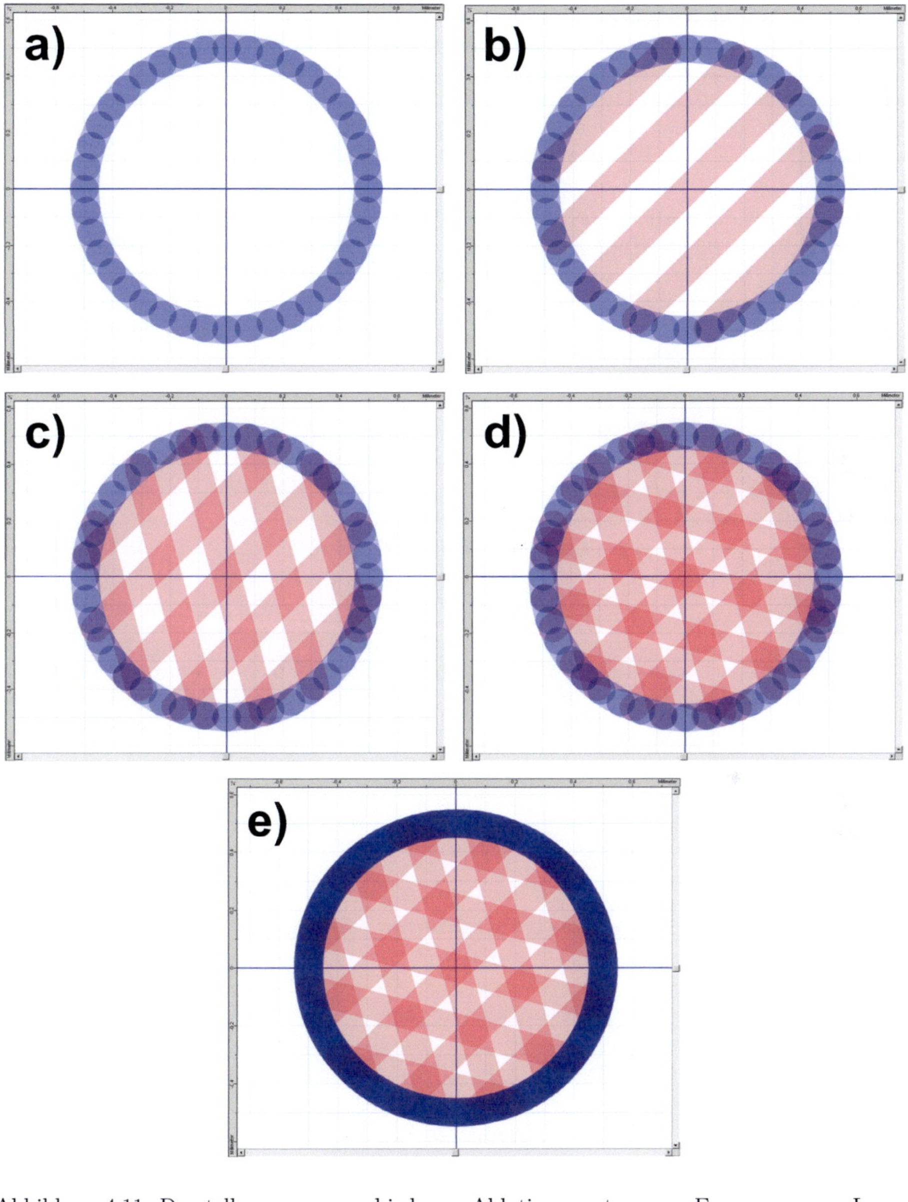

Abbildung 4.11: Darstellung von verschiedenen Ablationsmustern zur Erzeugung von Laserbohrungen in der Software InScript.

Überlapp von 1, d.h., dass die äußere Grenze eines Laserpulses auf den Mittelpunkt des nächsten fällt.

In Darstellung c) und d) wird die Anzahl der Linienzüge durch Anwendung einer 60 °-Drehung und Wiederholung des inneren Musters erhöht. Das Muster in e) unterscheidet sich von dem in d) durch die Wiederholung des gesamten Musters aus b) mit zweimal angewendeter 60 °-Drehung. Anders ausgedrückt wird in e) zusätzlich zu dem Muster aus d) der Rand zweimal abgefahren.

Ein weiterer bei der Planung mit InScript zu beachtender Punkt ist die Breite des Laserstrahls, welche ungefähr 200 μm entspricht. Für eine präzise mikrochirurgische Ablation kann die Aufweitung des Bohrloches von geplanten 1 mm auf 1.2 mm durch die Strahlbreite zu einem entscheidenden und bedrohlichen Faktor werden. Die geplanten Objekte müssen demnach manuell verkleinert werden, damit nur die äußere Grenze des Ablationsgebietes und nicht das Strahlzentrum eine bestimmte Größe haben.

Die Software kann über eine Schnittstelle von außen gesteuert werden (vgl. Abschnitt 5.2.5). Innerhalb der Software können nicht nur die Ablationspfade, sondern ebenfalls weitere Parameter definiert werden:

- **Pulslänge und Frequenz**
  Die Pulslänge und die Frequenz (Repetitionsrate) wurden bereits in vorangehenden Abschnitten diskutiert. Die Einstellung über die Software erfolgt durch die Definition in einer Werkzeugdatei (*Pen*, siehe Abschnitt 5.2.5).
- **Geschwindigkeit der Spiegel**
  Die Geschwindigkeit, mit der der Laserstrahl in der ($z = 0$)-Ebene bewegt wird, sowie die Geschwindigkeit, mit denen sich die Spiegel bewegen, wenn der Laser ausgeschaltet ist, können eingestellt werden. Ein vom caesar in Bonn ermittelter Richtwert für die *Markierungsgeschwindigkeit* bei eingeschaltetem Laser während des Laserbohrens ist 5.5 mm/s. Die Definiton erfolgt ebenfalls in der Pen-Datei.
- **Shutterstellung**
  Die Software kann die Shutterstellung (geöffnet bzw. geschlossen) steuern, um das Austreten der Strahlung aus dem Lasergehäuse zu ermöglichen oder zu verhindern.

4.2.4 Kalibrierung des Laserstrahlscanners und des Abstandes zum Fokuspunkt

Bei dem Laserstrahlscanner handelt es sich um ein komplexes optisches System. Damit einhergehend können Verzeichnungen auftreten, die durch eine Kalibrierungsfunktion der InScript-Software kompensiert werden können. In der x-y-Ebene wurde ein Muster mit dem Laser appliziert, vermessen und korrigiert. Die ursprüngliche Form und ein entzerrtes Ablationsmuster sind in Abbildung 4.12 dargestellt.

Wichtig ist, dass dieses Muster erst nach der Ermittlung des Abstandes des Scankopfes zum Fokuspunkt erstellt wird. Ist das Muster mit einer Abweichung von der richtigen Lage von ±1 mm in z-Richtung erstellt worden, muss in den Außenbereichen des Scanfeldes ($x = y = 75$ mm) mit einem Fehler in der x-y-Positionierung des Laserstrahls von mindestens ±0.5 mm gerechnet

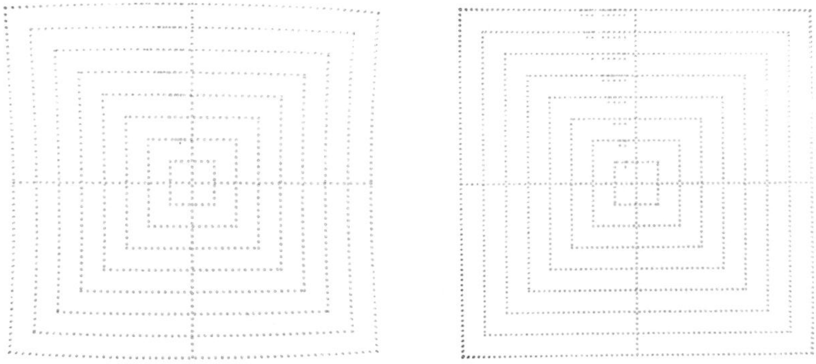

Abbildung 4.12: In Papier mittels Laser appliziertes Muster für die Kalibrierung des Strahlscanners. Abgebildet ist das Muster vor der Entzerrung und danach.

werden. Bei einem Bohrkanal mit einem Millimeter Durchmesser im Zentrum des Scanfeldes beträgt der Fehler der Bohrlochgröße bei derselben Abweichung in z-Richtung immerhin noch $\pm 8\,\mu$m.

Der Abstand des Fokuspunktes (bzw. der Strahltaille) zum Scankopf kann durch das Applizieren von Einzellaserpulsen in verschiedenen Ebenen mit unterschiedlichen z-Werten bestimmt werden. Als Material, in das die Pulse appliziert werden, wurde feuchtes Papier verwendet. Rechnerisch ergibt sich aus den Strahleigenschaften und der verwendeten Linse ($F = 100$ mm) ein Abstand von 114 mm zwischen der Unterseite des Strahlscannkopfes und dem Brennpunkt der Linse. Dieser Wert wurde als Ausgangspunkt verwendet. Dann wurden sowohl in positiver als auch in negativer z-Richtung der Abstand erhöht und jeweils Laserpulse mit geringer Energie appliziert. In beiden Richtungen war durch die Strahlaufweitung (Zunahme Strahldurchmesser) erkennbar, dass die Energiedichte nicht mehr ausreicht, um das Papier sichtbar zu beschädigen. Aus diesen beiden z-Positionen wurde der Mittelwert gebildet, der den experimentell bestimmten Fokuspunkt darstellt. Hierbei zeigte sich, dass der rechnerische mit dem experimentellen Wert übereinstimmt.

4.2.5 Veränderung des Ablationsdurchmessers

Um den Ablationsdurchmesser pro Puls zu verändern, stehen prinzipiell verschiedene Modifikationen des Laseraufbaus zur Verfügung. Dies wird nötig, um lateral kleinere oder größere Bereiche pro Laserpuls aus dem Knochen entfernen zu können. Die einzige bisher verwendete Möglichkeit ist eine Brennweitenmodifizierung durch Austausch der Linse, die für die Fokussierung des Laserstrahls auf den Knochen sorgt. Bei einer Reduzierung der Brennweite von $F = 100$ mm auf $F = 75$ mm wird rechnerisch der Fokusdurchmesser von $222\,\mu$m auf $166\,\mu$m reduziert.

4.2.6 Steuerung weiterer Komponenten des Lasersystems

Zur Steuerung der Fluiden (Druckluft und Wasser) wird ein USB-Relais der Firma QUANCOM Informationssysteme GmbH verwendet. Magnetventile öffnen und schließen die Zufuhr der Druckluft sowie des Wassers, welches für den schädigungsarmen thermo-mechanischen Ablationsprozess nötig ist. Folgende Komponenten können unabhängig voneinander per Softwarebefehl über den USB-Port des Systemrechners geschaltet werden:

- Luftstrom für den Linsenschutz
- Luftstrom für das Luftwasserspray
- Wasserzufuhr für das Luftwasserspray

Als Sicherheits-Feature wurde der Laser so eingerichtet, dass auch er über eine Spannung freigeschaltet werden muss bzw. jederzeit unterbrochen werden kann. Die Steuerung der Freischaltspannung übernimmt ebenfalls das USB-Relais, das zusätzlich über einen Mikrocontroller mit Watchdog-Funktionalität verfügt.

4.3 Registrierung

In den Grundsatzuntersuchungen zur Laserknochenablation des Forschungszentrums caesar wurde der Knochen zumeist unter dem Laserscankopf manuell positioniert oder der Scankopf über dem Präparat fixiert und der Laserstrahl mit Hilfe eines Spiegelgelenkarms zugeführt. Für die mikrochirurgische Knochenentfernung während einer Cochleostomie sind allerdings neue Methoden erforderlich, die den höheren Genauigkeitsanforderungen gerecht werden müssen. Weiterhin bedarf es für das neue System der bildverarbeitungsunterstützten Laserknochenablation zuverlässige Methoden zur Registrierung der unterschiedlichen Koordinatensysteme. In den folgenden Unterabschnitten werden diese Methoden erläutert.

4.3.1 Registrierung des Planungskoordinatensystems mit dem des Laserstrahlscanners

In dem in dieser Dissertation erstellten System ist zwischen dem Koordinatensystem der Ablationsplanung und dem des Laserstrahlscanners keine Registrierung erforderlich. Dies liegt daran, dass die Ablationsplanung zunächst für die Erstellung von Bohrkanälen, die beliebig platziert werden können, ausgelegt ist. In der Planung wird das zu bearbeitende Knochenstück aus seiner Umgebung herausgelöst, betrachtet und später dreidimensional zugeordnet (vgl. Abschnitte 4.3.5, 4.3.6 sowie 4.4.5). Eine gekrümmte Knochenoberfläche kann nach der Matrixdefinition in Abschnitt 4.1.2 aber trotzdem berücksichtigt werden. Durch weitere Matrizen, die z.B. die untere Grenzfläche des Knochens (Knochendicke) oder einer Membran darstellen, können zusätzliche Grenzflächen simuliert werden. Dieser Ansatz entspricht der Segmentierung des Knochens und weiterer Strukturen aus der Blickrichtung des Strahlscanners.

4.3.2 Fixierungsrahmen für Knochenpräparate

Für die Fixierung des verwendeten Knochenmaterials wurde ein miniaturisierter Rahmen verwendet, der wie ein stereotaktischer Rahmen oder eine Kopfklemme zur Aufgabe hat, die Lage des Patienten während einer Operation zu stabilisieren. Der stereotaktische Rahmen wurde in der roboterassistierten Chirurgie schon sehr lange erprobt und findet hauptsächlich in der Neurochirurgie Verwendung [Kwoh88].

Wird dies auf den hier beschriebenen Versuchsaufbau übertragen, muss das Knochenmaterial (vgl. Abschnitt 6.1, meistens eine isolierte Cochlea) in Relation zum Laserfokuspunkt sowie zur Abbildungsebene der Bildverarbeitung fixiert werden. Für eine stabile und präzise Justage haben sich Methoden aus der Optik als geeignet herausgestellt. Eine Aufnahmeplatte aus einer mikrooptischen Bank dient als Fixierungsrahmen und modifizierte Spezialschrauben spannen den Knochen ein. In Abbildung 4.13 ist die Aufnahmeplatte einmal mit und einmal ohne den Knochen dargestellt.

Die Übertragbarkeit dieser Methode in den OP-Saal wird in Abschnitt 8.3 erörtert. Wie bereits oben beschrieben, stehen grundsätzlich Fixierungsmöglichkeiten u.a. für den Kopf im OP zur Verfügung und werden auch genutzt.

4.3.3 Positionierplattform

Die Grobpositionierung der Knochenprobe erfolgt mit einem verfahrbaren und höhenverstellbaren OP-Tisch. In den Tisch ist eine Parallelkinematik eingelassen, die den präzisen Teil der Positionierung übernimmt. Bei der Parallelkinematik handelt es sich um den Hexapod M-850 der Firma Physik Instrumente GmbH & Co. KG (PI), welcher bereits in verschiedenen medizinischen Anwendungen zum Einsatz kam [Zimm02, Nims04, Ngan07]. Die wichtigsten Eigenschaften dieser Positionierplattform sind in Tabelle 4.2 zusammengefasst.

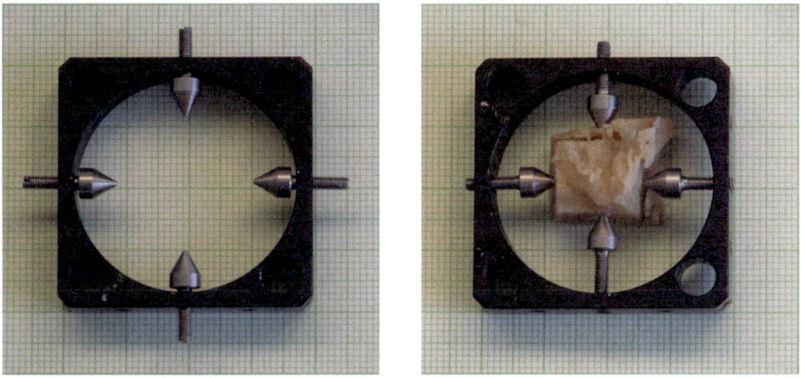

Abbildung 4.13: Möglichkeit des Einspannens einer isolierten Cochlea in einen miniaturisierten stereotaktischen Rahmen, der aus Komponenten für optische Bänke erstellt wurde.

Zur Stabilisierung des Hexapods im gesamten Versuchsaufbau wurden schnell-fixierbare Befestigungsarme aus der Medizintechnik bzw. dem OP-Tisch-Zubehör-Bereich eingesetzt (siehe Abbildung 4.14).

Tabelle 4.2: Zusammenfassung der wichtigsten Eigenschaften des als Positionierplattform verwendeten Hexapods M-850 der Firma PI

Eigenschaft	Wert
Freiheitsgrade, Anzahl der Achsen	6
Stellweg X,Y	±50 mm
Stellweg Z	±25 mm
Stellweg θ_X,θ_Y	±15 °
Stellweg θ_Z	±30 °
Wiederholgenauigkeit X,Y	±2 µm
Wiederholgenauigkeit Z	±1 µm
Wiederholgenauigkeit θ_X,θ_Y,θ_Z	±10 µrad
beliebige max. Belastbarkeit	50 kg

4.3.4 Messarm für die Lokalisation und Registrierung

Für die Lokalisation von Messpunkten findet der Messarm MicroScribe®G2X der Firma Immersion Verwendung [Imme03, Imme04]. Der Messarm befindet sich auf zwei stabilen Auslegern, die mit dem OP-Tisch verschraubt sind (siehe Abbildung 4.14). Der Laserfokuspunkt und alle weiteren relevanten Positionen liegen in seinem Arbeitsraum. Die vom Hersteller angegebene Genauigkeit (0.23 mm) entspricht ungefähr dem Durchmesser einer Einzellaserpulsablation. In den nächsten beiden Abschnitten werden die Registrierung des Hexapods im Laserablationskoordinatensystem sowie die Lokalisation der Ablationsposition des Präparats beschrieben.

4.3.5 Registrierung bzw. Kalibrierung der Knochenpositionierung mit dem Laserablationskoordinatensystem

Für die automatische Registrierung des Hexapods in Messarmkoordinaten wurde ein Aufnehmer für die Messspitze konzipiert. Der Hexapod wird entlang seiner Achsen verfahren und anhand von vier Positionen im Hexapodkoordinatensystem sowie den Messpunkten im Koordinatensystem des Messarms zueinander registriert. Der Messpunkt im Aufnehmer P^{HA} befindet sich leicht versetzt zum Ursprung des Koordinatensystems des Hexapods P^{Hex}; die Richtungen der Achsen sind identisch. Vier beispielhaft verwendete Positionen für die Registrierung sind (alle Werte in mm):

$$\begin{array}{llcll} P_0^{\mathrm{Hex}} & = (0.0; 0.0; -15.0) & \Leftrightarrow & P_0^{\mathrm{HA}} & = (-0.2; -0.2; 20.0), \\ P_1^{\mathrm{Hex}} & = (25.0; 0.0; 0.0) & \Leftrightarrow & P_1^{\mathrm{HA}} & = (24.8; -0.2; 35.0), \\ P_2^{\mathrm{Hex}} & = (0.0; 25.0; 0.0) & \Leftrightarrow & P_2^{\mathrm{HA}} & = (-0.2; 24.8; 35.0) \text{ und} \\ P_3^{\mathrm{Hex}} & = (0.0; 0.0; 10.0) & \Leftrightarrow & P_3^{\mathrm{HA}} & = (-0.2; -0.2; 45.0). \end{array} \tag{4.1}$$

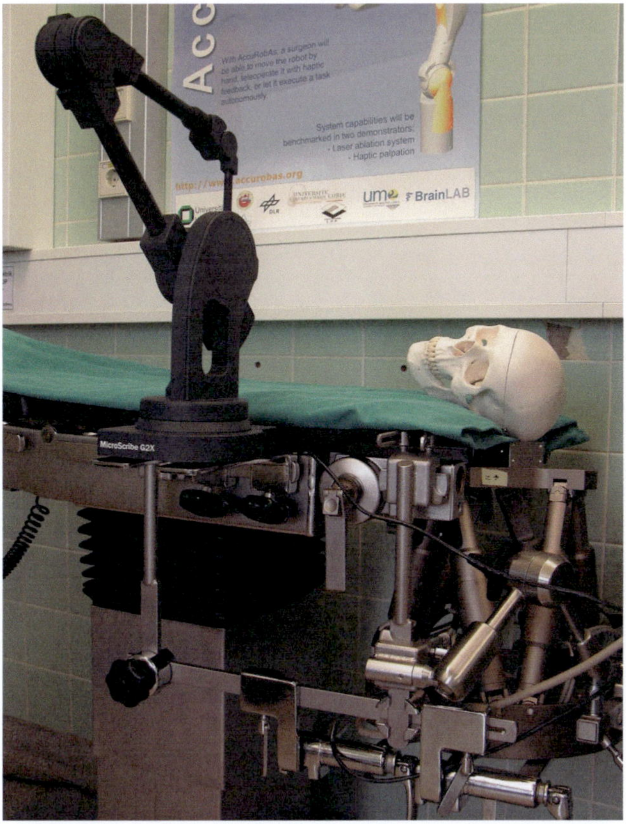

Abbildung 4.14: Integration der Hexapodplattform in den OP-Tisch zur mikrometergenauen Positionierung der Knochenprobe unter dem Laserscankopf. Zusätzlich ist der verwendete Messarm erkennbar, welcher auf zwei Auslegern steht, die am OP-Tisch befestigt sind.

In Abbildung 4.15 sind diese Positionen dargestellt. Im Ergebniskapitel (siehe Abschnitt 7.4.1) werden die Ergebnisse der Registrierung vorgestellt, für die das geschlossen-lösbare Verfahren von Horn et al. [Horn88] verwendet wurde.

Für die Überführung des Koordinatensystems des Messarms (und zugleich mit obiger Vorgehensweise des Hexapods) in das Laserablationskoordinatensystem können mehrere Wege beschritten werden; drei sind nachfolgend skizziert:

- **Ein-Punkt-Kalibrierung**
  Bei der Cochleostomie handelt es sich um ein rotationssymmetrisches Problem, da das Präparat so eingespannt wird, dass die Bearbeitungsachse senkrecht auf der Ebene des Fixierungsrahmens steht. Daher kann eine Ein-Punkt-Kalibrierung als einfachste Form der Zuordnung durchgeführt werden. Die Vorgehensweise ist trivial, aber effektiv: In der Fokusebene des Lasers (vgl. Abschnitt 4.2.4) wird ein Einzelpuls appliziert. Die Position wird mit dem Messarm angetastet und als Ursprung des Laserkoordinatensystems $P_0^{\text{Laser}} = (0.0; 0.0; 0.0)$ in Hexapodkoordinaten gespeichert (vgl. Abbildung 4.10).
- **Drei-Punkt-Registrierung**
  Die Drei-Punkt-Registrierung ist im Gegensatz zur Ein-Punkt-Kalibrierung eine vollständige Koordinatentransformation. Sie ermöglicht eine beliebige Ausrichtung des Präparats während des Einspannvorgangs, und die Probe kann später durch die Richtung der Messarmspitze entlang der Achse des Laserstahls ausgerichtet werden. Auch wäre es möglich, die Knochenprobe entlang der Achsen (u, v) im Beobachtungs- und Laserkoordinatensystem mit dem Hexapod durch die Anwendung der geeigneten Registrierungstransformation zu verfahren. Die Vorgehensweise ist die Erweiterung der Ein-Punkt-Kalibrierung durch die Applikation zweier weiterer Lasereinzelpulse ($P_1^{\text{Laser}} = (5.0; 0.0; 0.0)$, $P_2^{\text{Laser}} = (0.0; 5.0; 0.0)$) in der Fokusebene. Die Punkte werden mit dem Messarm angetastet und anschließend die Registriermatrix ermittelt.
- **Vier-Punkt-Registrierung**
  Die Vier-Punkt-Registrierung ist nahezu identisch mit der Drei-Punkt-Registrierung. Der vierte Messpunkt wird in einer anderen Ebene als der Fokusebene erzeugt und angetastet. Diese Messungen können mit denen der Bestimmung der Fokusebene (vgl. Abschnitt 4.2.4) bzw. gleichbedeutend mit der Bestimmung der Achse des Laserstrahls (in der $(x = 0, y = 0)$-Position des Scannkopfs) kombiniert werden. Demnach kann die Vier-Punkt-Registrierung auch als Registrierung aus einer Richtung und zwei Punkten zusammengesetzt werden. Als Vorteil ermöglicht diese Methode eine Evaluierung der Messungen nach dem Prinzip des *fiducial localization* bzw. *registration error* (FLE und FRE, siehe [Fitz98]).

4.3.6 Definition des Zielpunkts des Präparats im Koordinatensystem der Knochenpositionierung

Um das Einjustieren des Zielpunktes der Laserknochenablation auf bzw. im Präparat zu erleichtern, wird durch den Chirurgen dieser Punkt mithilfe der Spitze des Messarms definiert. Für die Cochleostomie wird das Promontorium der Cochlea angetastet (vgl. Abbildung 4.16).

Abbildung 4.15: Automatische Registrierung des Hexapods im Messarmkoordinatensystem. Die Bilder a) bis d) zeigen die vier - in Abschnitt 4.3.5 beschriebenen - beispielhaften Positionen des Hexapods mit gleichzeitiger Messung durch den Messarm. Bild e) stellt die Positionen in einer Ausschnittsvergrößerung überlagert dar.

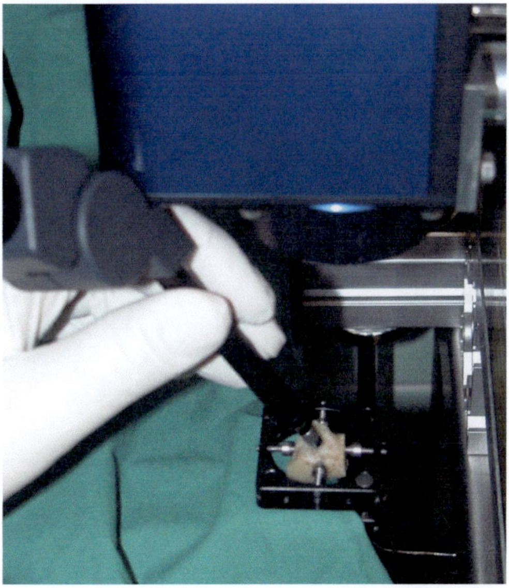

Abbildung 4.16: Definition des Zielpunktes am Präparat mithilfe des Messarms.

Die endgültige Definition des Zielpunkts findet unter visueller Mikroskop-Kontrolle durch den Chirurgen statt. Er hat die Möglichkeit, die Lage des Präparats durch manuelles schrittweises Verfahren des Hexapods zu korrigieren. Wie im vorangehenden Abschnitt beschrieben, wäre ebenfalls eine Vorgabe des Auftreffwinkels der Laserstrahlung auf das Präparat möglich. Der Chirurg zeigt in dem Fall die Ausrichtung durch die Stellung des letzten Segments des Messarms relativ zur Oberfläche an.

Eine Registrierung nach dem Goldstandard mit implantierten Titanmarkern im Felsenbein wie bei Ngan [Ngan07] wurde in dieser Dissertation nicht verwendet. Die für die Experimente bestimmten, isolierten Gehörschnecken bieten zum Ersten nicht genügend Platz für mehrere Markerschrauben, zum Zweiten ist eine Computertomographie nötig und zum Dritten ist die Grenzfläche zwischen Knochen und membranöser Auskleidung nicht mit den bisherigen Registriergenauigkeiten sicher aufzufinden. Ein Ansatz zur möglichen Erhöhung der Registriergenauigkeit wird in Anhang A beschrieben.

4.4 Videoüberwachung

Es existieren in der Literatur keine Methoden der Videoüberwachung zur bildverarbeitungsunterstützten Grenzflächendetektion während einer Laserknochenablation. Die Verwendung dieser Methodik stellt zusammen mit der Planung und Simulation der mikrochirurgischen Laserknochenablation den Teil des höchsten Innovationsgrades dieser Arbeit dar. Dies wird besonders dann klar, wenn das Zielszenario *OP-Mikroskopintegration* betrachtet wird (vgl. Abschnitt 8.3). Die benötigte Hardware (Kamera für Videoüberwachung, CO_2-Laser, Laserstrahlscanner) ist hierfür bereits in früherer Entwicklungsarbeit integriert worden, allein eine Softwarekomponente für die *intelligente* Ablation fehlt noch.

Weil allerdings kein derartiges OP-Mikroskop zur Verfügung stand, wurde im Rahmen dieser Dissertation ein Kamerasystem mit Mikroskopobjektiv verwendet, um exemplarisch die Videoüberwachung zu realisieren. Für die bildverarbeitungsunterstützte Laserknochenablation ist ein geeignetes Bildakquisitionssystem essentiell. Innerhalb dieses Szenarios ist es allerdings ebenso möglich, dass außer Kamerabildern auch andere Messdaten mit Bildverarbeitungsroutinen verarbeitet werden. Eine mit der Videoüberwachung austauschbare Variante wird in Abschnitt 8.4 diskutiert.

Die Bildverarbeitungsalgorithmen für die Videoüberwachung der mikrochirurgischen Laserknochenablation werden in Kapitel 5 vorgestellt. In den nachfolgenden Unterabschnitten werden die hardwarebezogenen Themen behandelt.

4.4.1 Kamera und Mikroskopobjektiv

Für die Videoüberwachung wurde die CMOS-Farbkamera MC1303 der Firma Mikrotron GmbH ausgewählt. Es handelt sich hierbei um eine mit CameraLink über eine Framegrabberkarte an den Steuerrechner anzuschließende Kamera. Die Auflösung beträgt 1280 x 1024 px bei einer Pixelgröße von 12 x 12 μm^2. Die Farbinformationen werden über einen Bayerfilter erzeugt (siehe Abschnitt 2.3.3). Für die Erzeugung von RGB-Farbpixeln wird keine Interpolation verwendet, sondern es werden die Werte von einem 4er-Pixelblock in einem Vorverarbeitungsschritt zusammengezogen, was in einer Auflösung von 640 x 512 px resultiert. Über den C-Mount-Objektivanschluss wird das verwendete Mikroskopobjektiv (7X Precision Zoom Lens, Edmund Optics GmbH) konnektiert. Mit dem Mikroskopobjektiv können Objekte in bis zu 7-facher Vergrößerung in einer Entfernung von 89 ± 5 mm dargestellt werden. Der Beobachtungsbereich liegt, abhängig von der Zoomeinstellung, zwischen 11.3 x 14.2 mm^2 und 1.6 x 2.0 mm^2. Die maximale Bildwiederholrate der Kamera bei voller Auflösung liegt nach Angaben des Herstellers über 100 fps. Die zumeist verwendete Bildwiederholrate lag aus Gründen der Helligkeitsintensität bei 10 fps. Zur Beleuchtung des Knochens werden die beiden Komponenten Kamera und Mikroskopobjektiv durch eine Lichtquelle ergänzt.

4.4.2 Parallele und koaxiale Strahlführung von optischer Überwachung und Ablationslaser

Um das Bohrloch der Lasercochleostomie visuell inspizieren zu können, muss der Strahlengang der optischen Überwachung die gleiche Ausrichtung wie die Bearbeitungsachse des Lasers besitzen. Bei einem zylindrischen Ablationsloch wie in Abbildung 4.4 müsste die Kamera zur Überwachung demnach mittig über dem Bohrloch und senkrecht zum Boden positioniert werden. Wie zuvor angedeutet, ist es wichtig, dass die Grundfläche des ablatierten Knochenkanals komplett erkennbar ist und es möglichst keine Verkippung der beiden Achsen (Überwachung und Bearbeitung) gibt. Sonst kann es vorkommen, dass Grenzflächenbereiche, die während der Ablation freigelegt werden, nicht sichtbar sind.

In Abbildung 4.17 sind vier mögliche Szenarien zur Anordnung der Komponenten für eine überwachte Laserknochenablation dargestellt[14]. In der linken Spalte sind zwei Skizzen mit koaxialer und in der rechten zwei Skizzen mit paralleler Strahlführung abgebildet. Oben und unten unterscheiden sich die jeweils zwei Anordungsszenarien dadurch, wie die Positionierung der Knochenprobe ① relativ zum Scankopf ② gelöst ist.

In den oberen Skizzen wird der Endeffektor und in den unteren Skizzen der Knochen positioniert. Das Licht der Lichtquelle ⑧ wird durch die Lichtleiter ⑨ transportiert und an einem Adapter ⑩, der auf den linken Skizzen am Endeffektor befestigt ist, ausgekoppelt.

Für eine eventuell benötigte Grobpositionierung des Knochens (vgl. Abschnitt 4.3) kann ein OP-Tisch ⑪ verwendet werden. Der Endeffektor kann durch eine Kinematik ⑫ gehalten werden.

In allen vier Anordnungsszenarien ist der gepulste Laserstrahl ebenfalls dargestellt (rote Strich-Punkt-Linie). Der optische Weg zur Kamera ist als grüne und die Beleuchtung als blaue Linie abgebildet. Die elektrischen Verbindungen zum Strahlscanner und zur Kamera sind schwarz gestrichelt. Im Folgenden werden die vier Möglichkeiten für die Anordnung der Komponenten anhand ihrer Unterschiede beschrieben.

[14] Zur Markierung der Komponenten wurde eine Nummerierung verwendet, die im Text umkreist auftaucht und dort erklärt wird.

Koaxiale Strahlführung

Die Vereinigung des Scankopfs mit integrierten galvanometrisch betriebenen Spiegeln ③ und Linse ④ mit einem 45 °-Strahlkombinierer ⑤ sowie der mit dem Mikroskopobjektiv ⑥ ausgestatteten Kamera ⑦ ist als robotischer Endeffektor zu verstehen, weil ein Zielszenario der Laserknochenablation die Verwendung eines Roboters zur Positionierung des Scankopfes vorsieht [Pete05, Wörn05b, Burg10]. Abbildung 4.17a) illustriert diesen Aufbau.

Der Aufbau in Abbildung 4.17c) verwendet einen statischen Laseraufbau mit direkt fixiertem Endeffektor[15]. Der Knochen wird auf einer Plattform ⑮ fixiert, die in diesem Szenario zunächst nicht beweglich sein muss. Als Randbedingung muss nur der korrekte Abstand zur Probe ($\widehat{=}$ Brennweite der Linse) vorhanden sein.

Die Strahlkombination setzt eine sehr präzise Ausrichtung der Komponenten Strahlscanner und Kamera voraus. Ebenfalls müssen das Material des Strahlkombinieres und dessen Beschichtungen geeignet sein, den CO_2-Strahl zu transmittieren, ohne dass der Strahlkombinierer Schaden nimmt, und zugleich in der Lage sein, das visuell-optische Spektrum für die Überwachung zu reflektieren.

Parallele Strahlführung

Die Abbildung 4.17b) stellt die parallele Strahlführungsvariante des vorangegangenen koaxialen Szenarios dar. Strahlscanner und Kamera werden an einem gemeinsamen Fixierungsrahmen ⑬ so nebeneinander befestigt, dass beide in dieselbe Richtung orientiert sind. Eine präzise Verschiebung ⑭ ermöglicht das sequenzielle Überwachen nach dem jeweiligen Ablationszyklus. Ein Vorteil dieser Aufbauvariante ist, dass kein Strahlkombinierer integriert werden muss. Ein Nachteil ist, dass hohe Genauigkeitsanforderungen an die Verschiebung und axiale Ausrichtung gestellt sind. Ein Winkelfehler von 0.005 ° in 100 mm Entfernung (Fokusabstand) erzeugt ungefähr 10 μm laterale Abweichung. Ein weiterer Nachteil ist, dass nicht gleichzeitig, sondern nur sequenziell die Überwachung stattfinden kann.

Die Abbildung 4.17d) ist die Aufbauvariante, die in den meisten Experimenten, die innerhalb dieser Dissertation durchgeführt wurden, Verwendung fand (vgl. Abschnitt 4.4.4). Es handelt sich um ein Szenario mit paralleler Strahlführung, bei der die Knochenprobe mittels einer verfahrbaren Plattform zwischen dem Fokuspunkt des Lasers und der Kamera hin- und hergefahren werden kann. In einem ersten Realisierungsschritt wurde für diesen Zweck ein Verfahrtisch mit einer Linearachse verwendet. Der Aufbau zum jetzigen Stand der Untersuchungen sieht für die Positionierung des Knochens einen Hexapod vor (vgl. Abschnitt 4.3.3).

[15]Es wird weiter von Endeffektor gesprochen, auch wenn im streng robotischen Sinn die Zusammenfügung des Strahlscanners und der Kamera in diesem Aufbau kein Endeffektor mehr ist.

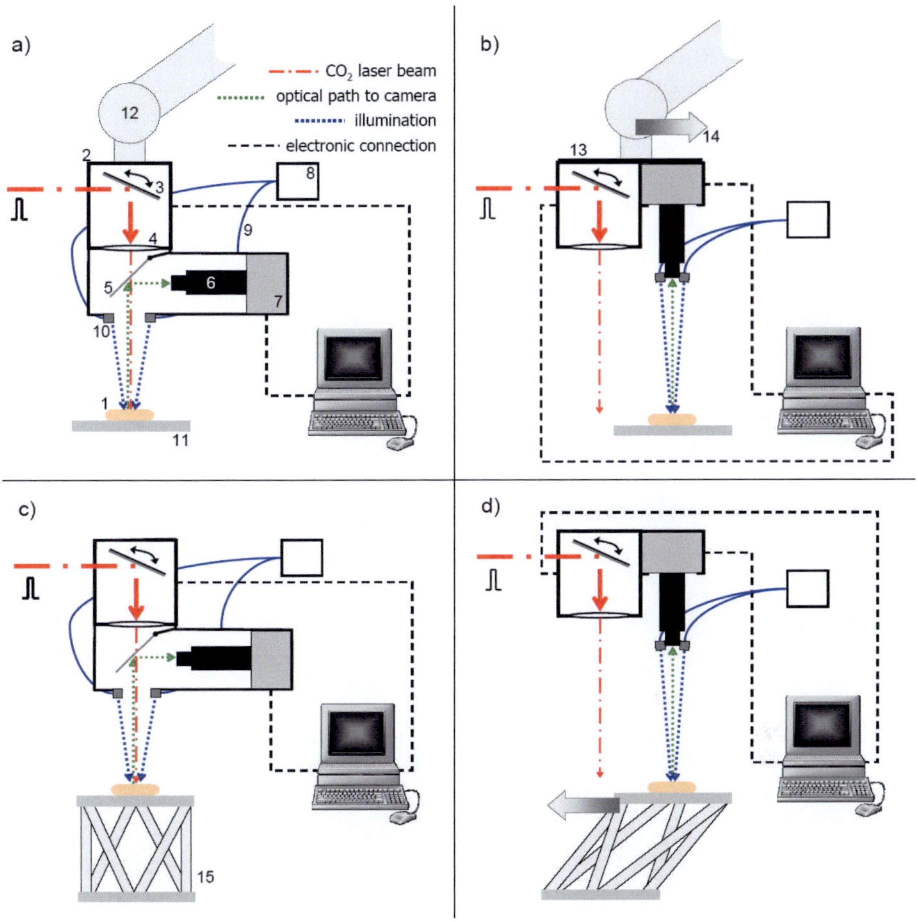

Abbildung 4.17: Vier verschiedene Möglichkeiten der Versuchsanordnung für die optisch überwachte Laserknochenablation. Links: Koaxiale Versuchsanordnungen. Rechts: Parallele Anordnungen. Oben: Aktuierte Endeffektoren. Unten: Statische Endeffektoren, Positionierung der Probe. Die Erklärung der Ziffern und der Unterschiede der Skizzen befindet sich im Unterabschnitt 4.4.2.

4.4.3 Experimentelle Realisierung der koaxialen Strahlführung

Dieser Abschnitt behandelt die experimentelle Realisierung des Versuchaufbaus mit koaxialer Strahlführung von Laser und Kamera, wie er in Abbildung 4.17c) schematisch vorgestellt wurde. Eine der wesentlichen Herausforderungen war die Wahl eines geeigneten Strahlkombinierers. Dabei wurden zwei Materialien, Galliumarsenid (GaAs) und Zinkselenid (ZnSe), sowie mehrere Beschichtungen auf ihre Eignung getestet. Nach Prüfung fiel die Wahl auf einen ZnSe-Strahlkombinierer als eine Sonderanfertigung der Firma Laser Components GmbH. Der Strahlkombinierer hat einen Transmissionsgrad von $> 99\,\%$ für die CO_2-Laserstrahlung und einen Reflexionsgrad von $> 95\,\%$ für das sichtbare Spektrum (Wellenlängenbereich $\lambda = 420 \ldots 650\,\text{nm}$). Dieses, durch eine aufgedampfte Beschichtung, besonders breite Reflexionsspektrum wird für den Einsatz der Farbkamera benötigt. Dieses breite Spektrum für die Reflektivität ist nötig, weil mit einer Farbkamera gearbeitet wird, und wird durch eine besondere Beschichtung auf dem ZnSe ermöglicht.

Der Strahlkombinierer wurde unter $45\,°$ in einen Strahlteilerwürfel integriert und am Mikroskopobjektiv befestigt. Der Aufbau ist in Abbildung 4.18 illustriert. Nach der Justage der Komponenten war die Möglichkeit der Online-Überwachung des Ablationsbereichs gegeben. Die Beleuchtung des zu beobachtenden Ablationsbereichs konnte in diesem koaxialen Aufbau allerdings nicht befriedigend gelöst werden.

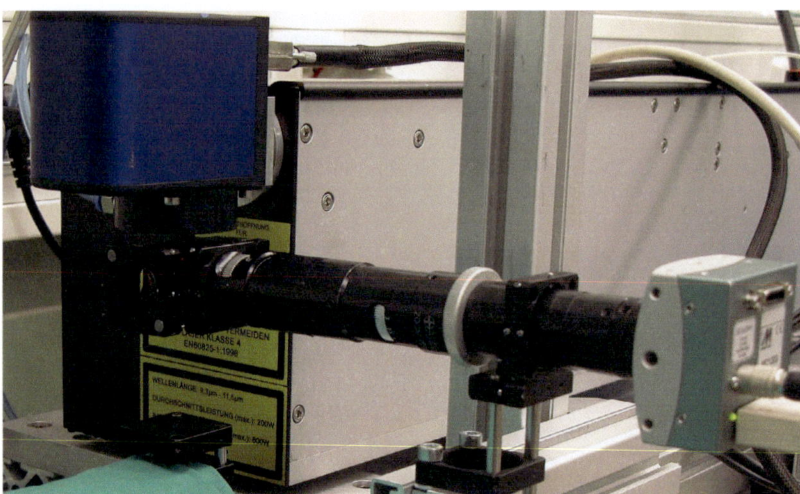

Abbildung 4.18: Koaxiale Strahlführung von Laser und Kamera durch Integration eines Strahlkombinierers in dem Strahlteilerwürfel am Ende des Mikroskopobjektivs. Der Strahlscanner befindet sich oberhalb des Strahlteilerwürfels und transmittiert die Laserstrahlung durch den Strahlkombinierer. Der Strahlengang der Kamera wird reflektiert und um $90\,°$ umgelenkt. Dies ermöglicht die Online-Laserablationsüberwachung.

Des Weiteren stand innerhalb einer zweiwöchigen Testphase ein 3D-Mikroskop der Firma Keyence GmbH (Modell VHX-600, Objektive VH-Z50 und VH-Z05) zur Verfügung und wurde anstatt der oben beschriebenen Komponenten koaxial integriert. Besonders dessen hochwertige Objektive mit integrierter Beleuchtung trugen dazu bei, dass mittels dieser Komponenten befriedigende Mikroskopbilder für eine potentielle Überwachung erstellt werden konnten. Allerdings handelt es sich bei dem Keyence-Mikroskop um ein abgeschlossenes System, das nicht die Möglichkeit des Online-Bildzugriffes für eine Bildverarbeitungsunterstützung bietet. Die Verwendung der Objektive der Firma Keyence mit den entsprechenden Adaptern für Kameras mit C-Mount oder die Integration einer Kamera in ein OP-Mikroskop (vgl. Abschnitt 8.3) stellen langfristig die beste Lösung dar.

4.4.4 Realisierung der parallelen Strahlführung

Die parallele Strahlführung von bearbeitendem Laser und beobachtender Kamera wurde vorwiegend in der Entwicklungsphase des Systems verwendet, bis ein geeigneter Strahlkombinierer zur Verfügung stand. Auch danach entspricht diese Aufbauvariante, bis auf die im Abschnitt 4.4.3 besprochenen Tests, dem Status quo. Für die parallele Strahlführung wurden die Herausforderungen der Beleuchtung gelöst, die im Folgenden diskutiert werden:

Beleuchtung des Bohrloches in einer Knochenprobe

Die Beleuchtung innerhalb des mikrochirurgischen Bohrloches für die Cochleostomie stellte sich als eine Herausforderung dar. Das verwendete Mikroskopobjektiv sah zwar eine Möglichkeit zur koaxialen Beleuchtung vor, aber es entstanden innerhalb des Mikroskopobjektivs bei der Strahlkombination mit der Beleuchtung Reflexionen. Diese mögliche koaxiale Strahlführung von Licht und Kamera ist ergänzend zu der koaxialen Strahlvereinigung von Laser und Kamera (und Licht) zu betrachten. Die entstandenen Reflexionen stellten sich als so stark heraus, dass dieser Teil des Mikroskopobjektivs als ungeeignet befunden und ein eigener Weg zur Beleuchtung der Grundfläche des Bohrlochs gesucht und gefunden wurde.

Zur Beleuchtung werden drei Lichtleiter in einer stadionartigen Anordnung direkt über dem Knochen positioniert. In Abbildung 4.19 ist der Adapter für die Aufnahme der drei Lichtleiter dargestellt. Für die optische Achse ist ein mittleres Loch vorhanden, durch das hindurch die Bohrlochinspektion stattfindet. Die Löcher zum Einführen der Lichtleiter sind in einem schrägen Winkel gebohrt. Vom Ende des Lichtleiters breitet sich das Licht kegelförmig aus, sodass das Bohrloch ausreichend ausgeleuchtet ist. Hiermit wurden für die Bildverarbeitung gleichmäßig ausgeleuchtete Aufnahmen - auch von der Grundfläche der Cochleostomie - erstellt. Als Quelle zur Speisung der Lichtleiter wird eine 100 W Halogen-Metalldampflampe von Dolan-Jenner Industries (Modell MH-100) verwendet.

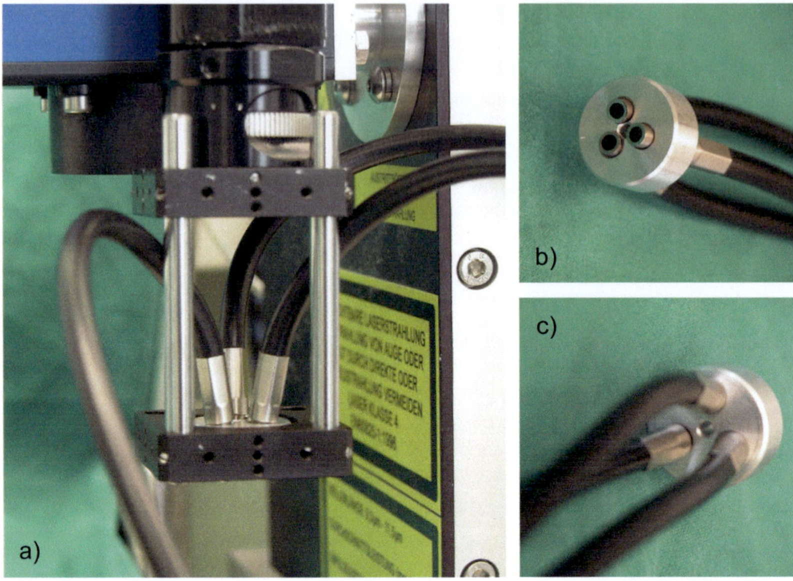

Abbildung 4.19: Adapter für die Aufnahme der Lichtleiter zur stadionartigen Beleuchtung von mikrochirurgischen Objekten. a) Der Adapter und das Mikroskopobjektiv sind über ein mikrooptisches Banksystem miteinander verschraubt. Im Hintergrund ist der Laserstrahlscanner zu erkennen (parallele Strahlführung). b) und c) Vorder- und Rückansicht des Adapters mit integrierten Lichtleitern.

4.4.5 Kalibrierung der Beobachtungsebene und deren Registrierung mit dem Scannerkoordinatensystem

Eine Kamerakalibrierung und eine 2D-2D-Registrierung von der Beobachtungsebene des Mikroskopobjektivs und der Fokusebene des Strahlscanners sind notwendig, wenn es Verzeichnungen oder eine Rotation und Translation zwischen den Koordinatensystemen gibt. In Abbildung 4.20 ist die mikroskopische Ansicht von Millimeterpapier bei 7-facher und 1-facher Vergrößerung dargestellt. Das Mikroskopobjektiv ist im zentralen Quadratmillimeter nahezu verzeichnungsfrei, was sich durch Geraden an den inneren Linien des zentralen Quadratmillimeters zeigt. Wird die Beobachtung der Cochleostomie mit 1 mm Durchmesser im zentralen Bereich durchgeführt, ist eine Entzerrung nicht zwangsläufig erforderlich.

Mehrwald legte in seiner Diplomarbeit [Mehr07] mit gleicher Kamera und Mikroskopobjektiv ein Verhältnis zwischen Anzahl der Pixel N und der Länge l in Millimeter fest. Dieses gilt für die verzerrten Bilder nur im Zentrum. Unter Verwendung der Zoomstufe Z des Mikroskopsobjektivs ergibt sich der folgende Zusammenhang:

$$N = 45.22\,\mathrm{px/mm} \cdot l \cdot Z \tag{4.2}$$

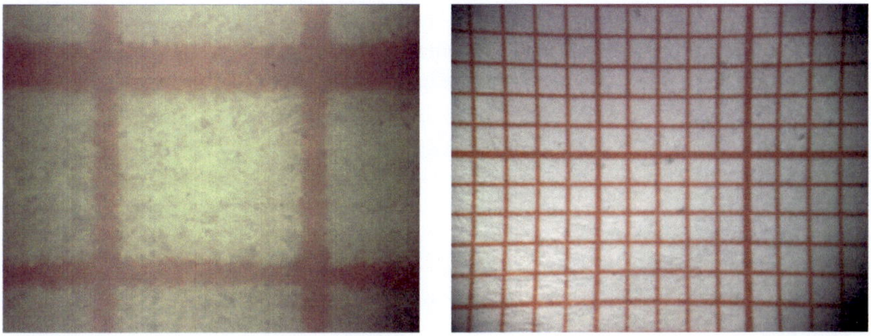

Abbildung 4.20: Aufsichten von Millimeterpapier zur Begutachtung der Verzeichnung bei 7-facher und 1-facher Vergrößerung des verwendeten Mikroskopobjektivs.

Sollte die Kamera mit Mikroskopobjektiv doch kalibriert werden müssen, weil eine größere Fläche beobachtet und analysiert werden soll, so ist es möglich, das Kalibriermuster durch den Laser zu erstellen. In Abbildung 4.21 ist ein Muster gezeigt, welches Hoppe für seine Kamerakalibrierung verwendet hat [Hopp02, Hopp04]. Dieses Muster kann alternativ für die 2D-2D-Registrierung eingesetzt werden[16].

Es resultiert eine Transformation, die aus einem Translations- und einem Rotationsteil besteht. Die Translation beschreibt den Abstand vom Ursprung des Kamerakoordinatensystems, der zumeist im Pixel $P_{\text{KSU:Kamera}} = (0;0)$ in der linken oberen Ecke liegt, zum Ursprung des Laserkoordinatensystem, der bei koaxialer Ausrichtung möglichst im Zentrum des Kamerabildes $P_{\text{KSU:Laser}} \approx (320;256)$ liegen sollte. Die Rotation beschreibt die Verdrehung der Koordinatensysteme zueinander. Ist die Kamera entlang ihrer Achse rotierbar gelagert, kann die rechnerische Rotation der 2D-2D-Registrierung durch manuelle Ausrichtung vermieden und der

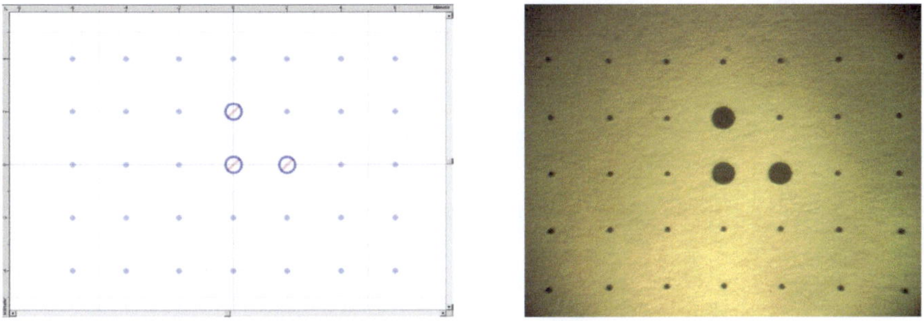

Abbildung 4.21: Muster zur Kamerakalibrierung und 2D-2D-Registrierung. Links: Ablationsplanung in InScript; rechts: Mittels Laserablation erstelltes Muster, aufgenommen durch das Mikroskopobjektiv bei 1-facher Vergrößerung.

[16]Das mittels Laser erstellte Koordinatensystem aus Abbildung 4.10 ist dafür ebenfalls verwendbar.

Winkelfehler mit Null bzw. dem Vielfachen von 90 ° bestimmt werden. Falls die Achsrichtungen nicht übereinstimmen, bedarf es noch einer Vorzeichenkorrektur. Die einfachste Beschreibung der Transformation ist über eine homogene 3x3-Matrix möglich.

Bestimmung des Verfahrweges zwischen den Fokuspositionen von Laser und Kamera

Wird die parallele Strahlführung verwendet, ist die Bestimmung einer weiteren Transformation nötig, um die Koordinatensysteme von Laser und Kamera zueinander registrieren zu können. Die Transformation wird durch die notwendige Umpositionierung der Hexapodplattform zwischen dem Bearbeitungsbereich und dem Beobachtungsbereich hervorgerufen. Der Fokuspunkt des Lasers ist im Hexapodkoordinatensystem bekannt (siehe Abschnitt 4.3.5). Die Festlegung des Mittelpunktes des Beobachtungsbereichs der Kamera in der Fokusebene (Kamerafokuspunkt) kann ebenfalls über die Position der Messarmspitze erfolgen und für die zugehörigen Hexapodkoordinaten gespeichert werden. Eine weitere Implementierung erlaubt, dass der Kamerafokuspunkt durch eine aktuelle Hexapodposition eingeteached wird, d.h., dass der Hexapod solange manuell verfahren wird, bis die durch den Laser markierte Laserfokusposition im Kamerafokuspunkt liegt. Die Position wird gespeichert und ist als Translation zwischen den beiden Fokuspositionen abrufbar.

4.5 Prozesskontrolle

In der Prozesskontrolle laufen alle bisher erläuterten Systemkomponenten zusammen. Von einem Leitrechner ausgehend wird die bildverarbeitungsunterstützte Laserknochenablation am humanen Felsenbein kontrolliert. Die Bildverarbeitung erzeugt einen segmentierten Bereich, der in der bildbasierten Regelung als Regelgröße Verwendung findet. Eine segmentierte Grenzfläche zur bildbasierten Regelung der Laserknochenablation zu verwenden, ist ein neuartiges Konzept, was bisher in der computerassistierten Chirurgie nicht existent war.

Soll das System nicht nur im Labor, sondern ebenfalls im OP eingesetzt werden, muss durch eine Benutzerschnittstelle dem Chirurgen eine mögliche Einflussnahme auf das System gegeben werden. Diese Schnittstelle wird im nachfolgenden Unterabschnitt vorgestellt; danach erfolgt die Darstellung der bildbasierten Regelung und im letzten Unterabschnitt wird die Anpassung der Position des Knochens bei fortschreitender Ablationstiefe erläutert.

4.5.1 Benutzerschnittstelle für den Chirurgen

Für die Benutzerschnittstelle des Laborprototyps für die bildverarbeitungsunterstützte Laserknochenablation wurde versucht, dem *KISS*-Prinzip[17] gerecht zu werden. Der Benutzer (Chirurg) übernimmt das System nach der Kalibrierung und Registrierung der Komponenten. Nachdem er das Knochenvolumen im Rahmen zur Knochenfixierung befestigt hat, muss der Zielpunkt der Cochleostomie am Präparat mit dem Messarm angetastet werden. Dieser Schritt wird bestätigt, und das System fährt die Knochenprobe unter das Mikroskop. Der ausgewählte

[17] Engl. abgekürzt für: Keep it simple and straightforward

Zielpunkt wird auf dem Bildschirm als Überlagerung des Mikroskopbildes und dem berechneten Zielpunkt angezeigt. Dieser kann ggfs. über eine Eingabe am Steuerrechner noch im Blickfeld des Mikroskops korrigiert werden. Als nachfolgender Verifikationsschritt werden das Zentrum (und bei Bedarf der Umriss) des Ablationskanals mit Einzellaserpulsen auf dem Knochen markiert und erneut deren Position durch den Chirurgen kontrolliert und bestätigt. Ist eine erneute Korrektur nötig, wird diese durchgeführt.

Der Chirurg startet den schichtweisen Abtrag des Knochens mit einer weiteren Bestätigung und bekommt nach jeder ablatierten Schicht den Knochen in mikroskopischer Sicht auf dem Bildschirm präsentiert. Zusätzlich werden die errechneten Ablationspositionen der nächsten Schicht dargestellt. Der Chirurg entscheidet, ob fortgefahren oder eine Grenzflächenerkennung durchgeführt wird. Für diese kann der Chirurg in drei unterschiedliche Modi wechseln. Der erste Modus erlaubt die Selektion einzelner Einzellaserpulse, die nicht appliziert werden sollen. Der zweite Modus erarbeitet mittels Bildverarbeitung vollautomatische Vorschläge, an denen eine Grenzfläche vorhanden ist und entfernt alle Laserpulspostionen, die in dem erkannten Gebiet liegen oder mit diesem einen Überlapp besitzen. Der dritte Modus ist semiautomatisch und definiert per Regionenauswahl das auszulassende Gebiet bzw. die auszulassenden Gebiete. Der Chirurg gibt die nächste Schicht zur Ablation frei und bekommt die veränderte Knochenoberfläche und die nächste Ablationsschicht präsentiert. Der Vorgang wiederholt sich zyklisch, bis die Ablation aus Sicht des Chirurgen beendet ist. In Abbildung 4.22 ist die Interaktion des Chirurgen mit dem System zusammengefasst.

4.5.2 Bildbasierte Regelung

Die Informationen aus der Videoüberwachung fließen in eine bildbasierte Regelung ein. Als Führungsgröße wird der mögliche Ablationsbereich aus der Perspektive der Mikroskopaufsicht verwendet. Der Bereich bzw. dessen Form wird im Ablationsschicht-Takt geregelt. Der Regler erzeugt demnach den gültigen, d.h. für die jeweilige Schicht zur Applizierung von Laserpulsen freigegebenen Ablationsbereich. Als *Störung*[18] des Regelkreises kann der Chirurg die Form des Ablationsbereichs beeinflussen (vgl. Abschnitt 4.5.1). Diese Interaktionsmöglichkeit ist deshalb nötig, weil es sich um einen für den Patienten kritischen Eingriff handelt, der mit dem potentiellen Funktionsverlust des Hörorgans verbunden sein kann. Die automatische Bildverarbeitung ermöglicht bisher keine sichere Erkennung der Grenzfläche und erfordert somit eine Kontrolle des Chirurgen. Dieses wird wiederum durch semiautomatische Bildverarbeitungsmethoden unterstützt.

Im Laserablationssystem wird die Form des möglichen Ablationsbereichs in eine Sequenz von Laserpulspositionen, welche sich innerhalb des gültigen Bereichs befinden, umgewandelt. Dies findet in der ersten Realisierung anhand von Planungsdaten statt, die pro Schicht eine Liste von (x, y)-Koordinaten beinhaltet (vgl. Abschnitt 4.1). Die Positionen werden an das *Stellglied*[18] weitergegeben. Hierbei handelt es sich um den Scankopf bzw. die Scankopfsteuerkarte. Hat der Scankopf jeweils die Position eingenommen, wird der Ablationsprozess in Form eines Einzellaserpulses ausgelöst. Nacheinander werden die Laserpulse an den vorgegebenen Positionen im Sinne einer Steuerung appliziert.

[18]Regelungstechnischer Fachbegriff, siehe beispielsweise [Dorf06]

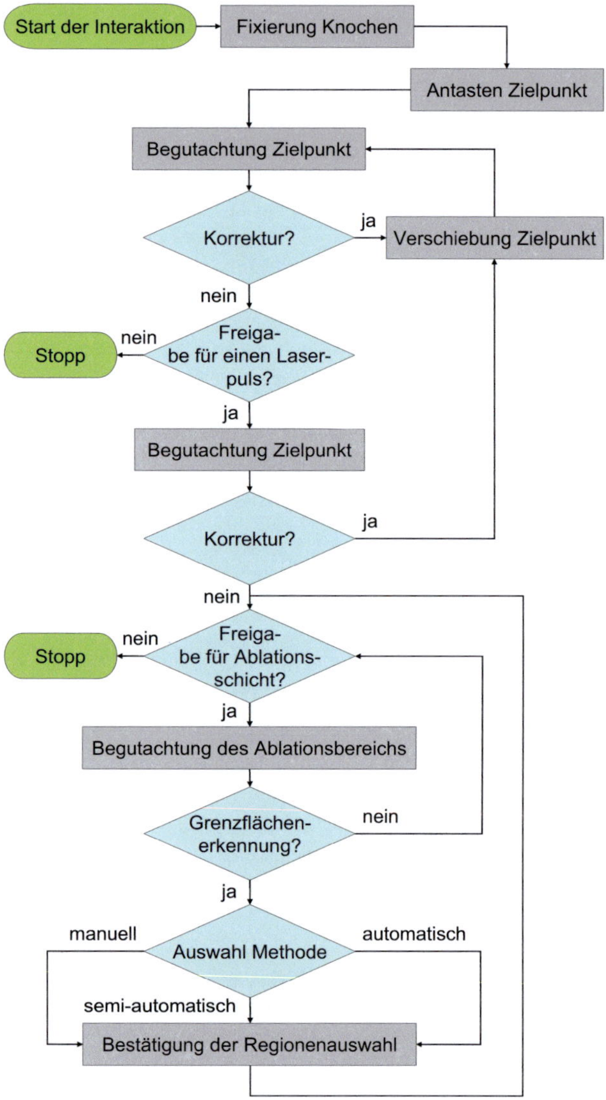

Abbildung 4.22: Übersichtsdarstellung der Interaktion des Chirurgen mit dem System in Form eines Flussdiagrammes.

Ist der Prozess der Ablation einer Schicht abgeschlossen, wird die Bildaufnahme angestoßen. Regelungstechnisch ist dieses das *Messglied*, das nun den Bereich in der nächsten Ablationsschicht beeinflussen kann. Das aufgenommene Bild wird segmentiert (und die Regionen werden klassifiziert), sodass die Regelgröße[18] den erkannten Bereich beschreibt, in dem in der folgenden Schicht keine Ablation stattfinden soll. Die Regeldifferenz subtrahiert den Bereich der Regelgröße vom Bereich der Führungsgröße und stellt so den Eingangswert des Reglers für die nächste Ablationsschicht dar. In Abbildung 4.23 ist die Wirkungskette der bildbasierten Regelung der Laserablation veranschaulicht.

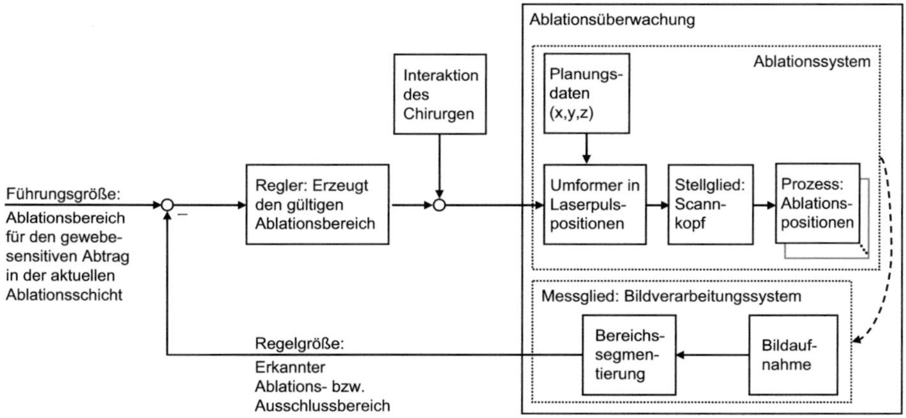

Abbildung 4.23: Wirkungskette der bildbasierten Regelung der Laserablation.

4.5.3 Fortlaufende Adaption der z-Position

Anhand der Planungsdaten der Ablation (vgl. Abschnitt 4.1) ist es möglich, eine mittlere Ablationstiefe pro Schicht zu ermitteln. Diese kann für eine fortlaufende Adaption der z-Position verwendet werden. Die Höhendifferenz von Positionen des ablatierten Bereichs zur Position des Laserfokuspunktes wird dadurch ausgeglichen; gleiches gilt für die Differenz zum Kamerafokuspunkt. Strittig ist, ob dies für die mikrochirurgische Knochenentfernung während einer Cochleostomie nötig ist, weil eine kontrollierte Ablation innerhalb einer Rayleighlänge $\sim$ 3 mm stattfindet. Auf der anderen Seite verändert sich das herausgesprengte Ablationsvolumen in seiner Form und Größe bei veränderten Abständen. Solange das Ausmaß der Veränderung nicht bekannt ist, sollte eine fortlaufende Adaption der z-Position durchgeführt werden.

Die Adaption erfolgt durch das Annähern des Hexapods in Richtung zum Laserscankopf. Hierbei wird nach jeder abgetragenen Schicht um den durchschnittlichen Kochenabtrag von 50 μm verfahren. Ein weiterer Vorteil dieser Adaption ist, dass das Mikroskopobjektiv, welches nur eine geringe Schärfentiefe besitzt, nicht manuell nachfokussiert werden muss.

5 Algorithmen

In Kapitel 5 werden die wesentlichen Algorithmen dieser Arbeit beschrieben. Zwei Kernthemen finden sich hier wieder: Die Bildverarbeitung zur Unterstützung der Laserknochenablation bezüglich der Erkennung von Grenzflächen in Abschnitt 5.1 und die Planung der Einzellaserpulsverteilung in Abschnitt 5.2. Am Ende des Kapitels wird in Abschnitt 5.3 die bildbasierten Regelung algorithmisch dargestellt.

5.1 Bildverarbeitungsalgorithmen zur Unterstützung der Laserknochenablation

Zur Unterstützung des Prozesses während der videoüberwachten Laserknochenablation werden Methoden der Bildverarbeitung eingesetzt. Hierbei ist es von entscheidender Bedeutung, dass Regionen (beispielsweise Grenzflächen) segmentiert und klassifiziert werden. Die erkannten Regionen dienen innerhalb der bildbasierten Regelung zur Definition des von der Bearbeitung auszuschließenden Bereichs.

Die bisher vorhandenen Bilder der Ex-vivo-Experimente zur bildverarbeitungsunterstützten Laserknochenablation wurden mit vier verschiedenen BV-Filtern analysiert. Diese unterteilen sich in drei Filter für die automatische Erkennung und in die Verwendung des Color-Structure-Code (CSC) für eine Segmentierung mit Benutzerinteraktion. Die beiden folgenden Unterabschnitte beschreiben diese Möglichkeiten zur Regionenauswahl. Ein daran anschließender Unterabschnitt beschäftigt sich mit weiteren notwendigen Bildverarbeitungsschritten.

5.1.1 Verwendung einer automatischen Regionenauswahl

Drei BV-Filterketten zur automatischen Regionenauswahl wurden definiert und anhand von Ex-vivo-Bildern, die die Laserknochenablation zeigen, evaluiert [Kahr07a]. Es handelt sich dabei um Filterketten, die den Fast-Marching-Algorithmus und die Watershed-Transformation (beide aus der Bildverarbeitungsbibliothek ITK) sowie eine Fuzzy-c-mean-Filterung beinhalten. Details finden sich in der assoziierten Diplomarbeit von Mehrwald wieder [Mehr07].

Diese drei Filterketten werden ausschließlich für die automatische Erkennung des Perforationsbereichs der membranösen Auskleidung der Cochlea verwendet. Hierfür wird nach den dunkelsten Werten in den Kamerabildern gesucht. Die automatische Erkennung der Membran erwies sich in den ersten Experimenten aus zwei Gründen als schwierig:

1. Während bei der konventionellen Cochleostomie (Durchführung mit Bohrer) die Membran als hell-bläulicher Fleck zu erkennen ist, tritt dieser Effekt bei der Laserknochenablation nicht auf. Es ist denkbar, dass der auftretende Bohrstaub während der konventionellen Cochleostomie diese Erscheinung verursacht.

2. Aufgrund zu hoher Ablationstiefe pro Lasereinzelpuls wurde die Membran erst nach der ersten Perforation selbiger in der Videoüberwachung sichtbar.

Die Bildverarbeitungsfilterketten stellten sich bei der Suche nach der Membran als nicht ohne weiteres einsetzbar heraus. Eine Vielzahl von Parametern sowie die Laufzeit der Algorithmen stellten sich für eine zuverlässige Segmentierung und bildbasierte Regelung als ungeeignet heraus. Weiterhin lassen die verwendeten Algorithmen keine Berücksichtigung der vorhandenen Farbinformation zu, sondern konvertieren die Farbbilder als ersten Verarbeitungsschritt in Grauwertbilder. Deshalb wird im Folgenden eine Methode vorgestellt, welche diese Nachteile nicht aufweist.

5.1.2 Verwendung des Color-Structure-Code

Beobachtungen haben gezeigt, dass sich die Membran in der Videoüberwachung als texturfreie Region darstellt. Ebenfalls ist nicht auszuschließen, dass in späteren (intraoperativen) Untersuchungen das hell-bläuliche Leuchten der Membran nach dem Knochenabtrag auftritt und folglich eine Berücksichtigung der Farbinformation in der Bildverarbeitung hilfreich sein kann. Der CSC-Algorithmus (vgl. Abschnitt 3.3.1) hat sich diesbezüglich als besonders geeignet herausgestellt und erfüllt zusätzlich das Kriterium einer kurzen Laufzeit.

Für eine automatische Erkennung der Membran stellt die Bestimmung des passenden Farbähnlichkeitmaßes und des richtigen Indexes die größte Herausforderung dar. Der Parameter Farbähnlichkeit wird bisher empirisch festgelegt. Das Umsetzen in ein lernendes Verfahren bzw. die Verwendung eines Klassifikators durch Clusterbildung für die Perforation oder die membranöse Auskleidung sollte hierfür angestrebt werden.

Die Farbsegmentierung kann sowohl automatisch als auch durch Benutzerinteraktion vorgenommen werden. Für die Auswahl des von der Ablation auszuschließenden Bereichs werden dem Chirurgen mikroskopische Ansichten wie in Abbildung 5.1 präsentiert. Nach Festlegung

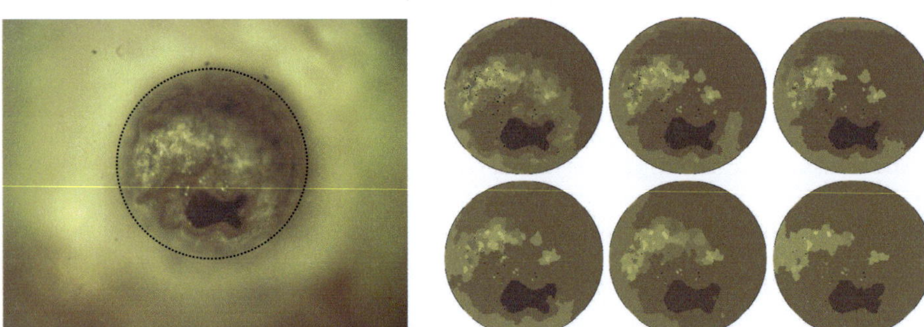

Abbildung 5.1: Originalaufnahme der Videoüberwachung sowie beispielhafte Segmentierungen des Ablationsbereiches für die verschiedenen Farbähnlichkeitsmaße $d = \{15; 18; 21; 24; 27; 30\}$ (von oben links nach unten rechts).

eines passenden Farbähnlichkeitsmaßes, kann der Chirurg durch interaktive Auswahl von segmentierten Regionen (Index, z.B. durch simplen Mausklick) eine oder mehrere zu dem auszuschließenden Bereich zusammenfügen.

An dieser Stelle soll der CSC-Algorithmus nicht erneut beschrieben werden. Relevant für das Verständnis der Funktionalität sind hier nur die Ein- und Ausgabeparameter, welche in Algorithmus 1 dargelegt sind. Algorithmus 1 stellt damit nur die Schnittstelle (Wrapper) zur Einbindung des CSC in die Applikation der bildverarbeitungsunterstützten Laserknochenablation dar.

Algorithmus 1: Einbindung des CSC-Algorithmus in die Applikation der bildverarbeitungsunterstützten Laserknochenablation

Eingabe : Eingabebild $I(u,v)$; Farbähnlichkeitsmaß c; Pixelkoordinate P_R innerhalb der auszuschließenden Region, welche manuell im Eingabebild festgelegt wird
Ausgabe : Liste der segmentierten Pixel P_i; alternativ binäres Ausgabebild $O(u,v)$

Starte Unterprogramm CSC-Algorithmus `{** siehe Abschnitt 3.3.1 **}`

5.1.3 Nachbearbeitungsfilter

Der wichtigste Nachbearbeitungsfilter ist die Vergrößerung der definierten Ausschlussbereiche an allen Kanten um den Radius einer Einzellaserpulsablation. Dies ermöglicht, dass die Überprüfung, ob eine potentielle Laserablation in dem zu protektierenden Bereich liegt, eine einfache Abfrage der Gleichheit der geplanten Laserpulsmittelpunkte und der segmentierten Pixel P_i ist. Anderenfalls müsste über die gesamte Fläche des Laserpulses iteriert oder zu jedem Pixel Abstände berechnet werden.

In Abbildung 5.2 ist ein Beispiel der Vergrößerung des definierten Ausschlussbereichs dargestellt. Abbildung 5.2a) zeigt die segmentierte Grenzfläche im Originalbild einer Lasercochleostomie. Das zugehörige Binärbild mit der Definition des für Pulse zulässigen Bereichs (weiß) ist in Abbildung 5.2b) dargestellt. Für die oben beschriebene einfache Abfragemöglichkeit stellt 5.2c) die *aufgeblasene* Region in blau dar. Diese Vergrößerung ist durch den Radius einer Einzellaserpulsablation (rot) definiert. Der weiße Bereich in 5.2d) stellt die Fläche dar, in die der Mittelpunkt eines folgenden Laserpulses gesetzt werden darf.

Weitere mögliche BV-Filter für eine Nachbearbeitung sind:

- Region-Growing für das Füllen eventuell beim Segmentieren entstandener Löcher
- Addition mit der Segmentierung der vorangegangenen Schichten zur Erhöhung der Sicherheit

5.2 Positionierung der Einzellaserpulsablationen

Für die Positionierung der Einzellaserpulsablationen werden Algorithmen benötigt, die in den folgenden Unterabschnitten beschrieben werden. Es werden Algorithmen zur Planung der Ablationspositionen vorgestellt, die in zwei- und dreidimensionaler Form beschrieben werden kann. Daran anschließend wird die benötigte Implementierung zur Steuerung der Pulspositionierung innerhalb des Lasersystems bzw. des Koordinatensystems des Scankopfes beschrieben. Weiterhin werden für die Evaluierung der Ergebnisse der Algorithmen quantifizierbare Kriterien vorgestellt.

5.2.1 Zweidimensionale Ablationsplanung

Die grundsätzliche Problematik des *Circle-in-Circle-Packing* ist aus den Abschnitten 3.4 und 4.1.3 bekannt. In Abbildung 5.3 sind vier Konfigurationen mit 1 mm Durchmesser des gesamten Ablationsbereichs (schwarz) und den kreisförmigen innenliegenden Laserablationseinzelpulsen mit ungefähr 0.1 mm Radius (rosa) dargestellt.

Diese zweidimensionalen Pulsverteilungen wurden mittels einer Physik-Simulationsbibliothek[19], aufbauend auf Kollisionsantworten (Impulsen) von unelastischen kreisförmigen Objekten, erzeugt. Ein begrenzendes Objekt sorgt für die Form des Ablationsgebietes und eine simulierte Gewichtskraft ordnet die einzelnen Pulse von unten nach oben im 2D-Ablationsgebiet an. Zusätzliche Bereiche, in denen keine Ablationspulse gesetzt werden sollen, können ebenfalls definiert werden (grau).

Drei der vier Pulsverteilungen beinhalten 19, die vierte 20 Einzelablationen (vgl. Abbildung 5.3a,c,d bzw. b). Die durch Stöße der Kreise untereinander selbstorganisierten Pulsverteilungen erinnern an die Beschreibung der optimalen Packungen aus Abschnitt 3.4. Interessant ist der geringe Größenunterschied, der zu einer maximal möglichen Ausfüllung des Ablationsgebietes führt. Dabei wird der Radius der Einzelpulse von 100.0 μm (a) auf 102.8 μm (d) erhöht. Gleichzeitig bietet sich bei 100 μm Radius wie in (c) allerdings die Möglichkeit, Teile der Ablationsfläche als *No-Go-Area* zu definieren. Wird der Radius nur um ca. 6 μm auf 97 μm verkleinert, können wie in (b) 20 Ablationspulse positioniert werden. An diesem einfachen Beispiel wird deutlich, dass der Parameter Durchmesser jedes Ablationslaserpulses eine wichtige Rolle spielt. Dieser Gedanke wird in Abschnitt 6.3 aufgegriffen.

Zweidimensional dargestellte Pulsverteilungen, die keinen Überlapp der Pulse zulassen, haben den Vorteil, dass der Chirurg sehr gut interagieren kann (vgl. Abschnitt 4.5.1). Nicht zu applizierende Pulse können übersichtlich und schnell entfernt werden. Diese Art der Verteilung liefert allerdings nicht die erforderliche Berücksichtigung der Tiefeninformationen sowie der Pulsformen. Eine Erweiterung des zweidimensionalen Packens wäre das schichtweise Packen mit Gedächtnis. Jede laterale Position, an die bereits einmal eine Laserablation appliziert wurde, kann in einer Liste gespeichert und dort dann über viele Schichten hinweg erst einmal kein Puls mehr platziert werden. Um, verteilt über das Volumen, einen gleichmäßigen Abtrag des Knochens sicherzustellen, wird die Ablation im folgenden Abschnitt dreidimensional simuliert.

[19]Open Dynamics Library: http://opende.sourceforge.net, Flatland: http://flatland.sourceforge.net

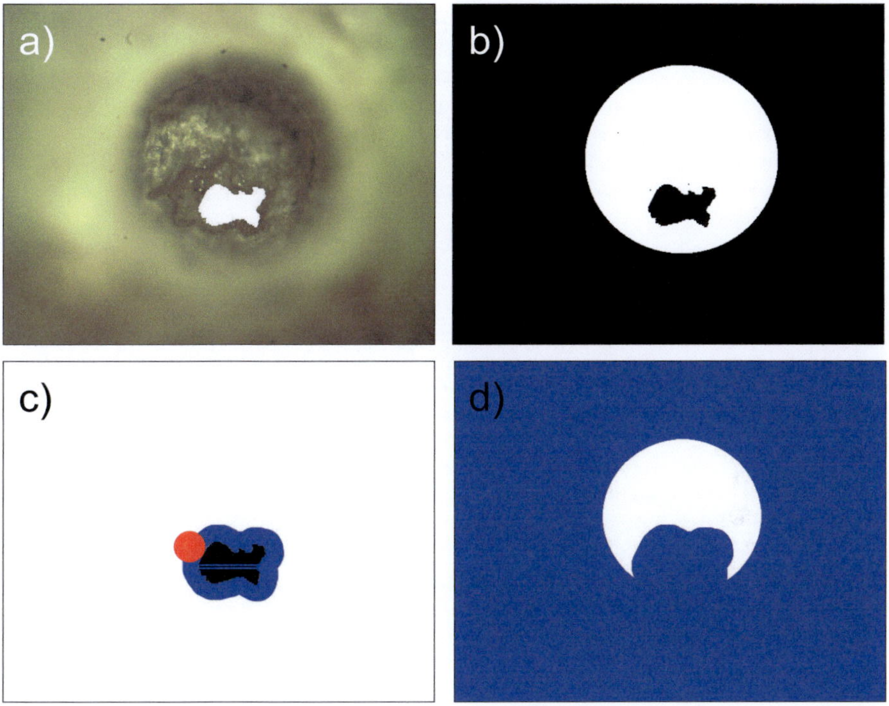

Abbildung 5.2: Original segmentierte Grenzfläche, Binärbild sowie um einen Pulsradius in alle Richtungen vergrößerte Grenzfläche und zulässiger Bereich für den Mittelpunkt des nächsten Laserpulses.

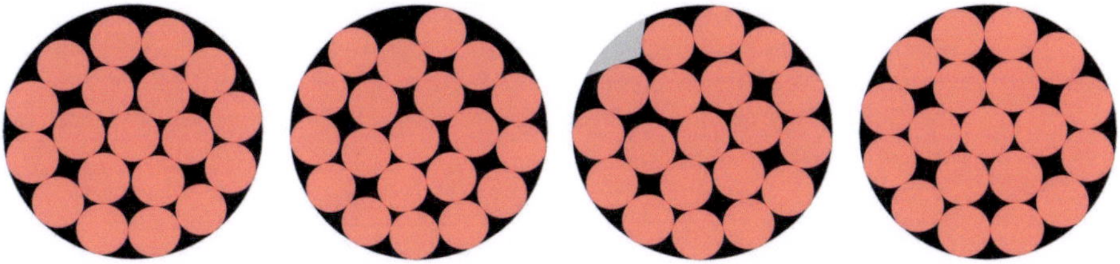

Abbildung 5.3: Vier Ablationsbereiche (schwarz), ausgefüllt mit 19 bzw. 20 Lasereinzelpulsen (rosa) und einem zusätzlichen Gebiet (grau), das nicht getroffen werden soll.

5.2.2 Definition von quantifizierbaren Kriterien für die dreidimensionale Ablationsplanung

Aufbauend auf der Beschreibung der Ablationsprozessmodellierung in Abschnitt 4.1.2 wird im Folgenden der algorithmische Teil erläutert. Notwendige Kriterien für die Ablationsplanung sind die Tiefe und, darüber verbunden, die Rauheit der Oberfläche. Die durchschnittliche Ablationstiefe $\bar{T}$ ist aus den Tiefen der jeweiligen (x,y)-Koordinate $T_{(x,y)}$ wie folgt definiert:

$$\bar{T} = \frac{1}{N \cdot M} \sum_{x=0}^{N-1} \sum_{y=0}^{M-1} T_{(x,y)} \tag{5.1}$$

Der Simulationsbereich spannt sich in Richtung der x-Achse zwischen den Koordinaten 0 und $(N-1)$ auf. Analog gelten für die y-Achse die Koordinaten 0 bis $(M-1)$. Teilweise wurden zur besseren Abschätzbarkeit der Dimensionen in den Simulationen diese Werte um $N/2$ bzw. $M/2$ ins Negative verschoben, sodass eine Symmetrie um den Ursprung vorliegt. Wird die durchschnittliche Tiefe nicht im Simulations-, sondern nur im Ablationsbereich gesucht, reduziert sich die Punktemenge auf i Koordinaten, die eine Ablationstiefe von T_i besitzen. Wird ein runder bzw. zylindrischer Ablationsbereich angenommen, beschreibt Algorithmus 2 die Auswahl der dazugehörigen Koordinaten und die durchschnittliche Ablationstiefe $\bar{T}_{\boxdot}$. Abbildung 5.4 veranschaulicht die entscheidenden Werte. Des Weiteren sind in der Grafik zwei mögliche Laserpulspositionen (P_1 und P_2) abgebildet, die, wenn sie auf die Knochen einwirken würden, unterschiedliche Veränderungen der Oberfläche bewirken würden. Dies wird genauer in Abschnitt 5.2.3 beschrieben.

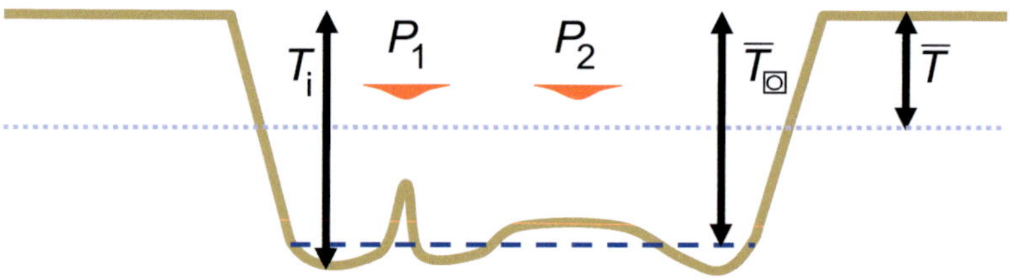

Abbildung 5.4: Schnitt durch ein zylindrisches konisches Ablationsvolumen. Die Knochenoberfläche (durchgezogene braune Linie) hat nach mehreren Ablationslaserpulsen bezüglich ihres ursprünglichen Verlaufs die durchschnittliche Tiefe $\bar{T}$ bzw. $\bar{T}_{\boxdot}$, wenn nur der Ablationsbereich aus den i Koordinaten mit den Tiefen T_i betrachtet wird. Zwei mögliche laterale Koordinaten P_1 und P_2 zeigen die Positionen für nachfolgende Laserpulse an.

Algorithmus 2: Berechnung der durchschnittlichen Ablationstiefe unter Berücksichtigung aller Koordinaten, die innerhalb eines kreisförmigen Bereichs liegen

Eingabe : Ablationstiefe aller (x,y)-Koordinaten $T_{(x,y)}$, Radius r eines kreisförmigen Bereichs mit dem Mittelpunkt (x_r, y_r)
Ausgabe : Durchschnittliche Ablationstiefe $\bar{T}_{\boxdot}$

für $x \leftarrow 0$ **bis** $N-1$ **tue**
    für $y \leftarrow 0$ **bis** $M-1$ **tue**
        wenn $((x-x_r)^2+(y-y_r)^2) < r^2$ **dann**
            $T_i \leftarrow T_{(x,y)}$
            $T \leftarrow T + T_i$
            $i \leftarrow i+1$
$\bar{T}_{\boxdot} \leftarrow T/i$

Bisher wurden ausschließlich Mittelwerte der Ablationstiefe betrachtet, die proportional mit der Laserpulsanzahl oder dem Volumen verknüpft sind und somit nicht zwingend einen Informationszugewinn bedeuten. Benötigt werden die vorangegangenen Definitionen allerdings für das Kriterium der Rauheit. Rauheiten sind Abweichungen von einer mittleren Oberflächenbeschaffenheit. Die quadratische Rauheit R (engl. root-mean-squared roughness) definiert sich wie folgt:

$$R = \sqrt{\frac{1}{i}\sum_{n=0}^{i}(T_n - \bar{T}_{\boxdot})^2} \tag{5.2}$$

Weitere Kriterien sind beispielsweise

- zeitlicher Abstand aufeinanderfolgender Pulse (zur Vermeidung von thermischen Schädigungen),
- Aufwand bzw. Effizienz des Algorithmus sowie
- Laufzeit.

5.2.3 Algorithmen für die dreidimensionale Suche nach Ablationspositionen

Für die Suche nach einer geeigneten nächsten Ablationsposition wird nach verschiedenen Kriterien die Oberfläche des Ablationsgebietes analysiert. Ist eine Position ausgewählt worden, wird in der Simulationsumgebung das Knochenmaterial an der Oberfläche mittels eines Laserpulses nach dem thermo-mechanischen Ablationsmodell entfernt. Dieses wird durch den Algorithmus 3 realisiert. Wie in Abschnitt 4.1.2 für Abbildung 4.5 beschrieben, wird in Richtung der z-Achse, welche den Werten in den Matrizen entspricht, eine bestimmte Knochendicke pro (x,y)-Koordinate entfernt. Die zu entfernende Knochenmenge richtet sich nach der jeweiligen Pulsform.

Eine mögliche Methode zur Suche nach der Position für den nächsten Puls ist die Suche nach dem höchsten Punkt im Ablationsgebiet, also der Stelle mit dem geringsten Abtrag (vgl. Algorithmus 4). Der gefundene Punkt entspricht der Koordinate P_1 in Abbildung 5.4. Eine weitere

Möglichkeit für die Suche nach der nächsten Pulsposition ist in Algorithmus 5 beschrieben: Es wird nach der Koordinate gesucht, welche die höchsten kumulierten Punkte innerhalb eines Pulsbereichs beinhaltet. In Abbildung 5.4 entspricht diese Vorgehensweise der Koordinate P_2. Allerdings wird bei der Kumulation nur überprüft, ob an der Stelle, die gerade aufsummiert wird, in der Matrix $A_{(n,m)}$ positive Werte vorhanden sind. Die unterschiedlich positiven Werte der Matrix spielen in dieser Methode noch keine Rolle. In Algorithmus 6 wird hingegen eine Faltung angewandt, welche die Werte der Matrix berücksichtigt. Dies kann je nach Gewichtung innerhalb der Matrix $A_{(n,m)}$ von der oben beschriebenen Koordinate P_2 abweichen und einen anderen Ausgabewert $P = (p_x, p_y)$ erzeugen.

Algorithmus 3: Reduzierung des Knochenmaterials mittels eines Laserpulses nach dem thermo-mechanischen Ablationsmodell

Eingabe : Ablationstiefe aller (x,y)-Koordinaten $T_{(x,y)}$, Position des Ablationszentrums $P = (p_x, p_y)$, Form der Ablation als Matrix $A_{(n,m)}$

Ausgabe : Neue Ablationstiefe aller (x,y)-Simulationskoordinaten $T'_{(x,y)}$

für $x \leftarrow 0$ **bis** $n-1$ **tue**
  für $y \leftarrow 0$ **bis** $m-1$ **tue**
    $x' \leftarrow p_x + (x - \frac{n}{2})$
    $y' \leftarrow p_y + (y - \frac{m}{2})$
    $T'_{(x',y')} \leftarrow T_{(x',y')} + A_{(x,y)}$

Algorithmus 4: Suche nach der nächsten Position eines Ablationslaserpulses nach dem Prinzip der niedrigsten Ablationstiefe

Eingabe : Ablationstiefe aller (x,y)-Simulationskoordinaten $T_{(x,y)}$

Ausgabe : Position der geringsten Ablationstiefe bzw. des nächsten Ablationszentrums $P = (p_x, p_y)$

für $x \leftarrow 0$ **bis** $N-1$ **tue**
  für $y \leftarrow 0$ **bis** $M-1$ **tue**
    wenn $T_{(x,y)} < T_{min}$ **dann**
      $T_{min} \leftarrow T_{(x,y)}$
      $p_x \leftarrow x$
      $p_y \leftarrow y$

Algorithmus 5: Suche nach der nächsten Position eines Ablationslaserpulses nach dem Prinzip von kumulierten Höhen im Ablationsbereich

Eingabe : Ablationstiefe aller (x,y)-Simulationskoordinaten $T_{(x,y)}$, Form der Ablation als Matrix $A_{(n,m)}$
Ausgabe : Position der niedrigsten Ablationstiefe bzw. des nächsten Ablationszentrums $P = (p_x, p_y)$

```
für x ← 0 bis N − 1 tue
    für y ← 0 bis M − 1 tue
        T_kum ← 0
        für u ← 0 bis n − 1 tue
            für v ← 0 bis m − 1 tue
                wenn A_(u,v) > 0 dann
                    x' ← x + (u − n/2)
                    y' ← y + (v − m/2)
                    T_kum ← T_kum + T_(x',y')
        wenn T_kum < T_min dann
            T_min ← T_kum
            p_x ← x
            p_y ← y
```

Algorithmus 6: Suche nach der nächsten Position eines Ablationslaserpulses nach dem Faltungsprinzip

Eingabe : Tiefe aller (x,y)-Simulationskoordinaten $T_{(x,y)}$, Ablationsmatrix $A_{(n,m)}$
Ausgabe : Position des nächsten Ablationszentrums $P = (p_x, p_y)$

```
für x ← 0 bis N − 1 tue
    für y ← 0 bis M − 1 tue
        T_kum ← 0
        für u ← 0 bis n − 1 tue
            für v ← 0 bis m − 1 tue
                u' ← u − n/2
                v' ← v − m/2
                x' ← x + u'
                y' ← y + v'
                T_kum ← T_kum + T_(x',y') * A_(u',v')
        wenn T_kum < T_min dann
            T_min ← T_kum
            p_x ← x
            p_y ← y
```

5.2.4 Dreidimensionale Verteilung der Einzelpulsablationen innerhalb von Ebenen

Um Ablationsebenen so aufzubauen, dass sie wegen fehlender Pulsüberlappung überwachbar sind, müssen die zuvor beschriebenen Algorithmen weiter modifiziert werden. Als wesentliches Element wird für jede Ebene ein eigener Ausschlussbereich definiert, in dem die Flächen gespeichert werden, auf denen bereits zuvor berechnete Laserpulse in der jeweiligen Schicht eingewirkt haben. Die einzelnen Ausschlussbereiche B_i addieren sich mit der Anzahl der Pulse s zu einem gemeinsamen Ausschlussbereich B^* auf. Der Ausschlussbereich, der durch die Grenzflächenerkennung entstanden ist ($O\left(u,v\right)$, siehe Abschnitt 5.1.2), muss zusätzlich berücksichtigt werden:

$$B^*\left(u,v\right) = O\left(u,v\right) + \sum_{i=1}^{s} B_i\left(u,v\right) \tag{5.3}$$

Bei der Suche nach einer neuen Ablationskoordinate wie in Algorithmus 5 bedarf es einer zusätzlichen Abfrage, ob an der Stelle (u,v) der Puls positioniert werden darf, d.h. $B^*\left(u,v\right) \neq$ wahr. Nach einer erfolgreichen Positionierung muss die Pulsfläche zu dem gesamten Ausschlussbereich hinzugefügt werden. Formel (5.3) muss demnach neu berechnet werden. $B^*\left(u,v\right)$ wird erst wieder auf Null gesetzt, wenn kein weiterer Puls mehr in der Ebene positioniert werden kann. In Algorithmus 7 ist dieser Ablauf zusammengefasst.

5.2.5 Die Software-Scanner-Schnittstelle

Die Software-Schnittstelle zur Steuerkarte des Scanners ermöglicht eine externe Bedienung von InScript (vgl. Abschnitt 4.2.3) aus der eigenen Applikation heraus. Die drei wichtigsten und implementierten Funktionalitäten sind:

- **Ablationsparameter laden:**
  Die Ablationsparameter werden über die Schnittstelle an die Steuerkarte mittels einer *Pen*-Datei übertragen und dort gespeichert. Diese Beschreibung als *Stift* rührt von der Benutzung des Lasers als Markierungswerkzeug her. Die Parameter wurden bereits in Abschnitt 4.2.3 eingeführt. In Abbildung 5.5 ist der Inhalt einer Pen-Datei in Skriptsprache, wie sie in dieser Arbeit verwendet wurde, dargestellt. Es finden sich die Parameter-Variablen für die Auswahl des Lasers, der Markierungsgeschwindigkeit, des Shutters, der Laserfrequenz sowie der Pulslänge wieder.

- **Programm laden:**
  Das Programm (Job) beinhaltet ebenfalls im Klartext die einzelnen Informationen, die zum Erstellen eines bestimmten Ablationsmusters wichtig sind und zum Teil im o.g. Abschnitt beschrieben wurden. In Abbildung 5.6 ist in Skriptsprache die Datei eines Jobs für einen einzelnen Ablationspuls dargestellt. Sie beschreibt den verwendeten Pen und das eigentliche Ablationsmuster. Mittels einer Transformation kann das Muster verschoben, gedreht, skaliert oder geschert werden. Sollen weitere Muster auch mit anderen Stiften innerhalb desselben Programms abgearbeitet werden, können diese einfach nacheinander angefügt werden (ausgegrauter Bereich der Abbildung 5.6). Das Programm wird an die Steuerkarte übergeben und dort gespeichert.

- **Programm starten:**
  Mit dieser Funktionalität der Schnittstelle wird das auf der Steuerkarte gespeicherte Programm ausgeführt. Es werden keine Parameter übergeben.

Algorithmus 7: Suche nach den nächsten Ablationslaserpulspositionen nach dem Prinzip von kumulierten Höhen unter den Bedingungen, dass es innerhalb einer Ebene keinen Pulsüberlapp und keine Beschädigung der Grenzfläche geben darf

Eingabe : Ablationstiefe aller (x,y)-Koordinaten $T_{(x,y)}$, Form der Ablation als Matrix $A_{(n,m)}$, erkannte Grenzfläche $O_{(x,y)}$

Ausgabe : Positionen der niedrigsten Ablationstiefe bzw. der Ablationszentren P_i innerhalb einer Schicht

```
B* ← O
solange PlatzFuerEinenWeiterenPuls = wahr tue
    hierKeinPuls ← falsch
    PlatzFuerEinenWeiterenPuls ← falsch
    für x ← 0 bis N − 1 tue
        für y ← 0 bis M − 1 tue
            T_kum ← 0
            für u ← 0 bis n − 1 tue
                für v ← 0 bis m − 1 tue
                    wenn A_(u,v) > 0 dann
                        x' ← x + (u − n/2)
                        y' ← y + (v − m/2)
                        T_kum ← T_kum + T_(x',y')
                        wenn B*(x', y') > 0 dann
                            hierKeinPuls = wahr
                        sonst
                            B(x', y') ← 1
            wenn T_kum < T_min dann
                wenn hierKeinPuls = wahr dann
                    T_min ← T_kum
                    P_i(x, y) ← (x, y)
                    B* ← O + B
                    PlatzFuerEinenWeiterenPuls ← wahr
                sonst
                    B = 0
```

```
<Pen>
        <Name>Pen_50_50_Ue1</Name>
        <letzteModifizierung>2007-07-26 10:08:53</letzteModifizierung>
        <Markierungsgeschwindigkeit>5.5</Markierungsgeschwindigkeit>
                <Einheit_MV>mm/s</Einheit_MV>
        <Laser>CO2</Laser>
        <Shutter>Aux</Shutter>
        <Frequenz>50</Frequenz>
                <Einheit_F>Hz</Einheit_F>
        <Pulslaenge>50</Pulslaenge>
                <Einheit_P>μs</Einheit_P>
</Pen>
```

Abbildung 5.5: Inhalt einer Pen-Datei in Skriptsprache

```
<Job>
        <Name>Dot</Name>
        <letzteModifizierung>2007-02-27 15:16:25</letzteModifizierung>
        <Knoten>1</Knoten>
                <verwendeterPen>Pen_50_50_Ue1</verwendeterPen>
                <Transformationsname>Trafo1</Transformationsname>
                <Skalierungsfaktor_X>1.0</Skalierungsfaktor_X>
                <Skalierungsfaktor_Y>1.0</Skalierungsfaktor_Y>
                <Scherungsfaktor_X>0</Scherungsfaktor_X>
                <Scherungsfaktor_Y>0</Scherungsfaktor_Y>
                <Drehwinkel>0</Drehwinkel>
                        <Einheit_D>°</Einheit_D>
                <Verschiebung_X>0.0</Verschiebung_X>
                        <Einheit_V_X>mm</Einheit_V_X>
                <Verschiebung_Y>0.0</Verschiebung_Y>
                        <Einheit_V_Y>mm</Einheit_V_Y>
                <Ablationsmuster>Punkt</Ablationsmuster>
        <Knoten>2</Knoten>
                ...
</Job>
```

Abbildung 5.6: Inhalt einer Job-Datei in Skriptsprache

5.3 Algorithmische Beschreibung des bildbasierten Regelkreises

Die bildbasierte Regelung setzt die Klammer um die in den beiden vorangegangenen Abschnitten beschriebenen Algorithmen. Wurde bisher hauptsächlich das Vorgehen innerhalb einer Ablationsschicht betrachtet, kommt nun der Regelkreis aus Abschnitt 4.5.2 zum Tragen. Wie in Algorithmus 7 bzw. der Beschreibung der Implementierung vom CSC-Wrapper ist die Regelgröße die erkannte Fläche $O(x, y)$. Im algorithmischen Sinn ist der bildbasierte Regelkreis im Wesentlichen eine sich fortwährend wiederholende Schleife. Der Ausstieg ist gegeben, wenn der Chirurg in seiner Interaktion festlegt, dass keine Ablation mehr erfolgen soll. In Algorithmus 8 ist die bildbasierte Regelschleife kompakt dargestellt.

Algorithmus 8: Bildbasierte Regelschleife

Eingabe : Bestätigung des Chirurgen bzw. Veränderung des Ablationsbereichs zum Taktzeitpunkt τ_i
Ergebnis : Fertiggestellte Lasercochleostomie

solange $AblationFortfuehren = wahr$ **tue**
- Starte Algorithmus 7
- Trage Schicht ab (Ausführung der Job-Datei)
- Starte Algorithmus 1
- $\tau \leftarrow \tau + 1$
- Eingabe:$AblationFortfuehren$
- Eingabe:$GeaenderterAblationsbereich$

6 Untersuchungen zur Laserknochenablation

In diesem Kapitel werden die durchgeführten Untersuchungen zur Laserknochenablation beschrieben, die zu einem Teil mit und zum anderen Teil ohne Bildverarbeitungsunterstützung durchgeführt wurden. Ein neuartiger und wesentlicher Bestandteil dieser Dissertation war die Vermessung der Form und des Volumens für die Planung der Einzellaserpulsverteilung. Diese Untersuchungen, die methodisch in Abschnitt 4.1 vorgestellt wurden, sind Inhalt des Abschnittes 6.3. Zuvor werden in diesem Kapitel das verwendete Knochenmaterial sowie Vorversuche vorgestellt (siehe Abschnitte 6.1 und 6.2).

6.1 Verwendete Knochenmaterialien

Als Versuchsmaterial wurde sowohl Rinderkompakta als auch Knochen aus humanen Felsenbeinen verwendet. Die Rinderkompakta wurde aus Markknochen gewonnen. Dieser Röhrenknochen vom Rinderschenkel wurde zunächst gereinigt und in Scheiben von ca. 4 mm Dicke geschnitten. Abbildung 6.1 zeigt zwei Stücke eines Markknochen. Beide Knochenstücke weisen Spuren der Laserbearbeitung auf und werden in Abschnitt 6.2 weiter besprochen. Rinderkompakta ist dem menschlichen kompakten Knochen vom Aufbau und von den Ablationseigenschaften sehr ähnlich.

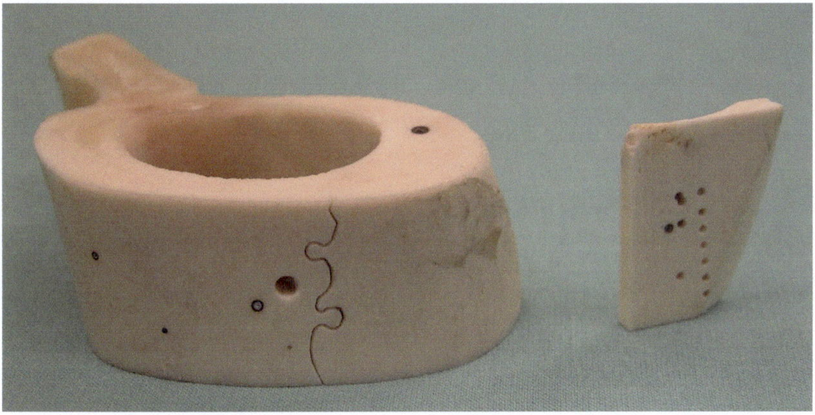

Abbildung 6.1: Markknochen vom Rind: Links ist ein komplettes und rechts ein zugesägtes Knochenstück (Kantenlängen: 21 mm x 28 mm x 4 mm) erkennbar. Beide Knochen wurden bereits an verschiedenen Positionen mit dem Laser bearbeitet.

Die anatomischen Knochenpräparate des humanen Felsenbeins wurden von den medizinischen Partnern der Universitäts-HNO-Klinik Freiburg bzw. Düsseldorf zur Verfügung gestellt. Die Felsenbeinpräparate wurden so zugesägt, dass das komplette Innenohr in einem Knochenstück vorliegt. Dieses annähernd kubische Knochenstück wird auch als isolierte Cochlea bezeichnet und hat eine Kantenlänge von 10 bis 20 mm. In Abschnitt 4.3.2, in dem es um die Fixierung des Knochens ging, wurde ein solches Knochenstück bereits gezeigt.

In Abbildung 6.2 ist ein Cochleapräparat in der Aufsicht dargestellt. Als eingezeichneter Zielpunkt ist die Position der Cochleostomie abgebildet. Direkt daneben (rechts oberhalb) befindet sich das runde Fenster. Der tieferliegende Bereich um die Zielstruktur und um das runde Fenster herum ist die Paukenhöhle, die schräg durchtrennt wurde.

6.2 Grundlegende Experimente

Innerhalb von verschiedenen Vorversuchen wurden Parameter wie Beleuchtung, Beobachtungswinkel, Abtragsrate, Konizität, Durchmesser des Bohrloches, Wasserzufuhr und -entfernung sowie Einrichtung der Probe untersucht und variiert. Die nachfolgenden Unterabschnitte zeigen jeweils eine experimentelle Laserknochenablation auf.

6.2.1 Schräge Beobachtung, dunkle Lichtverhältnisse und Reflexionen

In Abbildung 6.3 ist ein Bohrkanal mit 2 mm Durchmesser und schräger Beobachtungsachse dargestellt. An diesem Bild ist gut zu erkennen, wie wichtig die richtige Beobachtungsachse und ausreichende Beleuchtung sind. Der Boden des Bohrloches und eventuell auftretende Grenzflächen sind nur sehr schlecht erkennbar; Teilbereiche sind durch den Winkelfehler gar nicht sichtbar, die restliche Fläche sieht rau aus. Ebenfalls sind Reflektionen und Artefakte durch Feuchtigkeit, die durch das bei der Laserknochenablation erforderliche Luft-Wasser-Spray entsteht, zu beobachten.

6.2.2 Vermessung der lateralen Ausdehnung der Ablation, Zusammensetzung eines Ablationsmusters aus Einzellaserpulsen

Ein weiterer Vorversuch wurde für die Analyse des Bohrlochdurchmessers und der Ablation nach dem konventionellen (vom Forschungszentrum caesar vorgegebenen) Laserablationsmusters durchgeführt. Wie bereits in Abschnitt 4.2.3 erwähnt, ist ein appliziertes kreisförmiges Muster immer um den Durchmesser einer Einzellaserpulsablation bzw. des Strahls vergrößert. In Abbildung 6.4 sind die Abmessungen eines geplanten 1-mm-Bohrlochs dargestellt. Ebenfalls sind die applizierten Pulse bzw. deren Ränder erkennbar. Die Bohrung wurde mit einem Pulsüberlapp von 1 erstellt. Die Beobachtung, dass während der Applizierung des konventionellen Ablationsmusters die Umrisse der Einwirkung der Einzellaserpulse auf dem Knochen sichtbar werden, motivierte die weitere Vorgehensweise innerhalb dieser Arbeit.

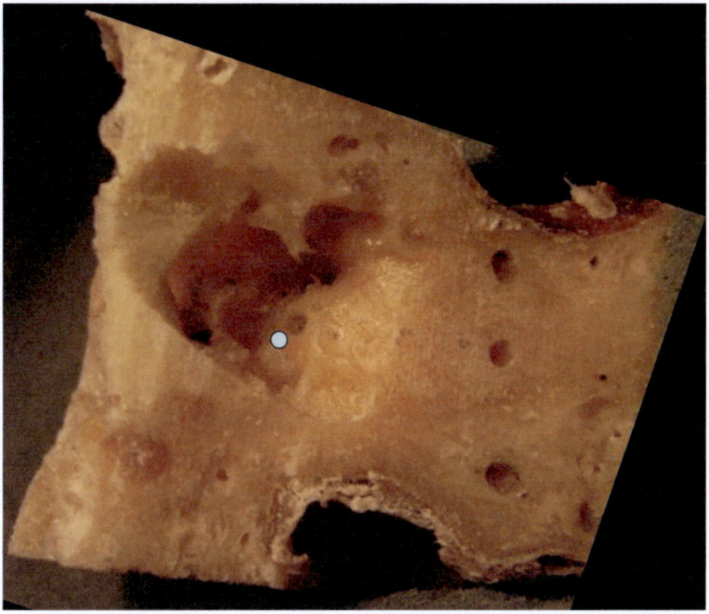

Abbildung 6.2: Aufsicht eines Cochleapräparats mit eingezeichneter Position der vorgesehenen Cochleostomie.

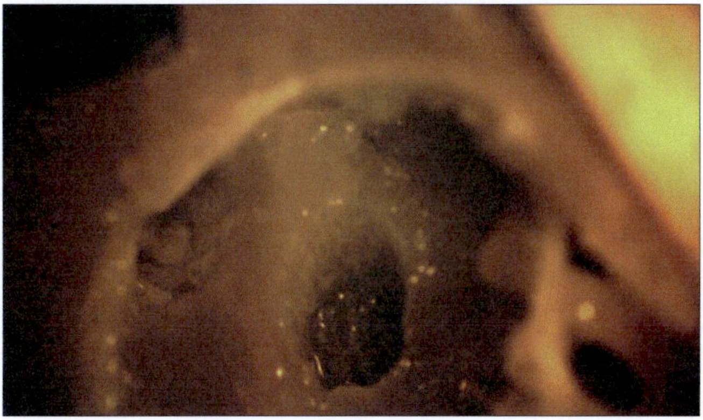

Abbildung 6.3: Laserablatiertes Bohrloch im Promontorium unter schrägem Beobachtungswinkel.

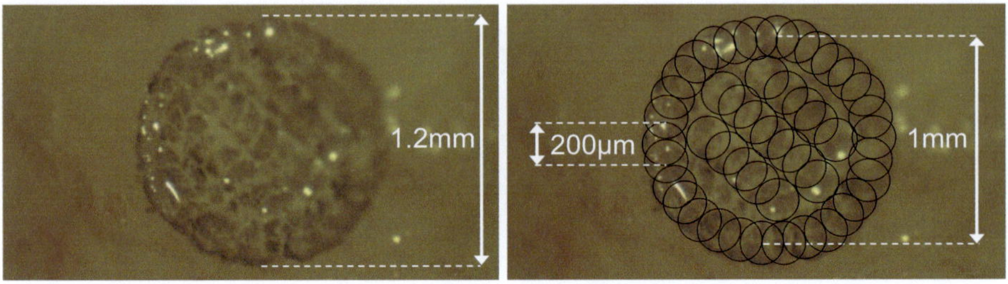

Abbildung 6.4: Bemaßung eines konventionellen Ablationsmusters zur Erstellung eines Bohrkanals auf dem Promontorium. Die Sichtbarkeit der Umrisse der einzelnen Laserpulse ergab die Motivation zur Zerlegung in Einzellaserpulsablationen.

6.2.3 Detektion von Grenzflächen

Um eine bildverarbeitungsunterstützte (semi-)automatische Detektion der Grenzflächen zu untersuchen, wurden vorhandene Bildserien von Lasercochleostomien analysiert. Die Versuche zur automatischen Erkennung sind in [Mehr07] dargestellt. Wegen der unsicheren Erkennung mittels der automatischen Grenzflächendetektion sowie der schlechten Sichtbarkeit der Membran, bevor sie perforiert wird, wurde zunehmend auf die Verwendung von Algorithmen gesetzt, die eine semiautomatische Segmentierung unterstützen.

Der bereits vorgestellte CSC-Algorithmus vereint Echtzeitfähigkeit, Benutzerinteraktion, reproduzierbare Ergebnisse und eine hohe Übereinstimmung der erkannten Flächen mit denen, welche die Grenzflächen beschreiben. In Abbildung 6.5 ist ein beispielhaftes Bild der Videoüberwachung während der Eröffnung einer humanen Cochlea dargestellt. Erkennbar ist dreimal ein identisches Bild mit dem Originalbild auf der linken Seite bzw. Abbildung 6.5a). In Abbildung 6.5b) befindet sich rot der Durchbruch in die Perilymphe und in Abbildung 6.5c) ist die freigelegte Membran grün dargestellt. Beide farbigen Flächen wurden durch die Auswahl mit einem einzelnen Mausklick segmentiert.

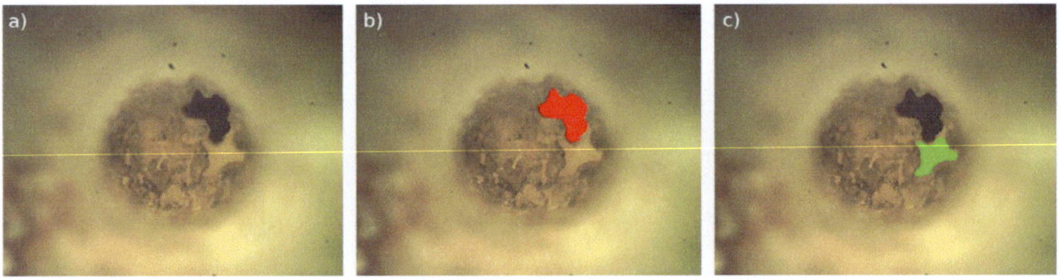

Abbildung 6.5: Detektion von Grenzflächen mittels Benutzerinteraktion und Verwendung des CSC-Algorithmus. a) Dargestellt ist ein Videoüberwachungsbild während einer Lasercochleostomie. b) Die rote Fläche entspricht der Segmentierung einer Perforation der Cochlea und die grüne Fläche in c) die membranöse Auskleidung der Cochlea.

6.2.4 Erreichen von Grenzflächen und Konizität

In Abbildung 6.6 ist das Durchbohren eines relativ dünnen Knochenstückes im Randbereich eines Felsenbeinpräparates gezeigt. Es wurde die parallele Strahlführung von Laserablation und Videoüberwachung, jedoch ohne bildverarbeitungsunterstützte Grenzflächenerkennung, gewählt. In der Realisierung des Aufbaus der parallelen Strahlführung gab es noch einen geringen Winkelfehler, der dadurch erkennbar ist, dass von der Ablationskanalwand, die sich in den Aufnahmen am unteren Bildrand befindet, mehr sichtbar ist als auf der gegenüberliegenden Seite. Furchen in der Wand des Ablationskanals lassen erkennen, dass auch über verschiedenen Tiefen immer an der gleichen lateralen Position die Ablation ausgelöst wurde. Nach jeder Ablationsschicht wurde eine Aufnahme erstellt. Eine Auswahl dieser Serienaufnahmen wird in Abbildung 6.6 gezeigt. Der auf der Probe und im Bohrloch stehende Wasserfilm wurde mit Druckluft getrocknet, bevor das nächste Überwachungsbild aufgenommen wurde. Die Beleuchtung des Bodens des Ablationskanals erscheint ausreichend.

Die Bildschärfe wurde durch die manuelle Verschiebung des Fokus am Mikroskop nachgeregelt. Erkennbar ist die Unschärfe im Bereich der ursprünglichen Knochenoberfläche, wenn die Ablation fortgeschritten ist.

Das erste Videoüberwachungsbild in der Serie zeigt bereits einen fortgeschrittenen Ablationsbereich, der im zweiten Bild am Rand die Knochenunterseite bzw. die Grenzfläche erreicht. Die komplette Entfernung des Ablationskanalbodens wird im zeitlichen Ablauf dargestellt.

Die Konizität ist ebenfalls sichtbar. Größenunterschiede zwischen dem Durchmesser an der Knochenoberfläche und dem Durchmesser des Bohrloches, wo der Kanal komplett durch den Knochen hindurchgearbeitet ist, sind vorhanden. Um der Konizität entgegenzuwirken, wurde von der Lasertechnologie-Gruppe des caesars vorgeschlagen, die Ablation am Rand doppelt so oft durchzuführen wie in der Mitte.

6.2.5 Freilegen des Endosts

Die Grenzflächenerhaltung und damit das Freilegen des Endosts erfordert die komplette Entfernung des Knochens. Diese Aufgabe stellte sich durch die verwendete Methodik der Videoüberwachung in Form von Auflichtmikroskopie als größere Herausforderung dar. Eine Methode, bei der die Information über die noch verbleibende Knochendicke vorhanden ist, sollte bevorzugt werden (vgl. Abschnitt 8.3).

Innerhalb von Untersuchungen gelang es, den Knochen auf der Membran nahezu komplett zu entfernen und die Membran weitestgehend zu erhalten. In Abbildung 6.7 ist eine derartige Ablationsserie dargestellt. Das Promontorium wurde dafür von einem Chirurgen mit dem Bohrer vorbearbeitet, sodass es einen Bereich gab, in dem die Membran sichtbar wurde. Dies entspricht dem zentralen Bereich im Ausgangsbild in Abbildung 6.7 (links oben). Danach erfolgt das Applizieren mehrerer Ablationsebenen, in denen Ausschlussbereiche und danach die Ablationsmuster definiert wurden.

Nach ungefähr einem Drittel der Bilder treten die ersten Positionen auf, die eine texturfreie Umgebung aufweisen. Im weiteren Verlauf wird durch selektive Laserablation die Membran

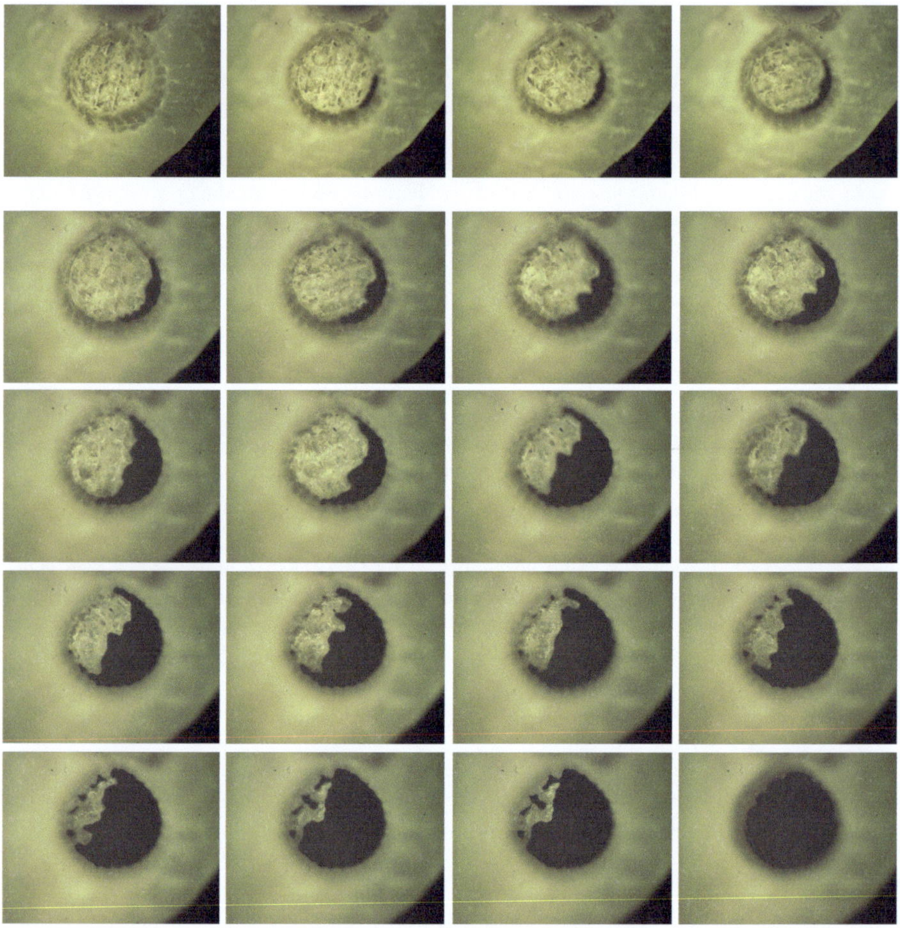

Abbildung 6.6: Die Bilderserie zeigt verschiedene Tiefen eines Bohrkanals mit 1.2 mm Durchmesser einer Laserablation an einem Felsenbeinpräparat. Die oberen vier Aufnahmen sind mit Vergrößerungsfaktor 6 und die unteren Aufnahmen mit Vergrößerungsfaktor 7 aufgenommen.

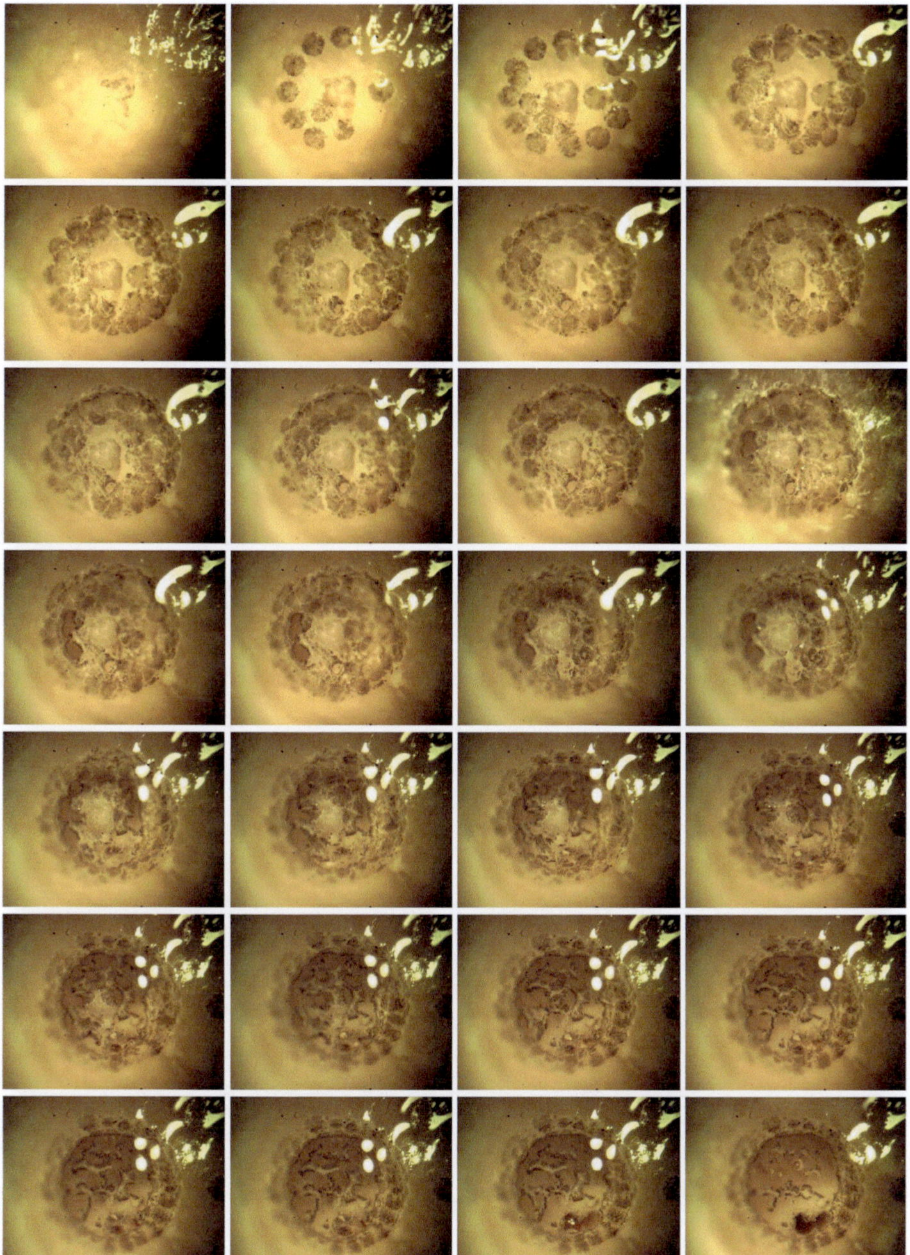

Abbildung 6.7: Ablationsserie eines erfolgreichen Freilegens des Endosts ohne Perilymphaustritt.

zunehmend freigelegt. Auf dem letzten Bild (rechts unten) liegt nur noch sehr wenig Knochenmaterial auf der Membran, das allerdings zum Teil zu klein für die Platzierung eines weiteren Laserpulses auf selbigem ist. Die Perforation der Membran, die sich ähnlich zu Abbildung 6.5 darstellt, ist durch eine Fehlinterpretation entstanden. Dieser Bereich, in dem später die Perforation auftrat, war zuvor nicht klar als gefährdete Position erkennbar, und zeigt erneut den Weiterentwicklungsbedarf (vgl. Abschnitt 8.3).

Eine zusätzlich beobachtete Schwierigkeit besteht im zu verwendenden Luft-Wasser-Spray und dem daraus resultierenden Wasserfilm, der die Probe bedeckt. Zum einen erzeugt dieser Reflexionen, die in den Bildern jeweils in der oberen rechten Ecke zu sehen sind. Zum anderen stellt sich ein Kapillareffekt durch das Auffüllen des Bohrloches mit Wasser ein. Dies bewirkt, dass durch die Brechung der Lichtstrahlen Vergrößerungseffekte und Richtungsänderungen auftreten, die keine zuverlässigen Positionsaussagen mehr erlauben.

6.2.6 3D-Profilvermessung eines Ablationsbereichs

Mit einem digitalen 3D-Mikroskop der Firma Keyence GmbH (Modell VHX-600) wurde eine 3D-Profilvermessung eines 1.2-mm-Bohrlochs durchgeführt, welches in Rinderkompakta appliziert wurde. In Abbildung 6.8 ist diese Aufnahme dargestellt. Die maximale Tiefe in dieser beispielhaften Ablation beträgt ca. 430 μm. Erkennbar ist sowohl die Struktur der linienförmigen Ablation im Zentrum des Bohrkanals wie auch der tiefere Randbereich, der durch die doppelte Ablation des kreisförmigen Ablationselementes ausgelöst wird, die bereits in Abschnitt 6.2.4 angesprochen wurde.

Im nachfolgenden Abschnitt wird die dreidimensionale Oberflächenvermessung systematisch zur späteren Modellierung der Einzellaserpulsablationen durchgeführt. Als Messmethode kommt im Gegensatz zu dieser 3D-Vermessung die konfokale Mikroskopie zum Einsatz (vgl. Abschnitt 4.1.2). Für größere Überwachungsbereiche als den der Vermessung von Einzellaserpulsen ist das

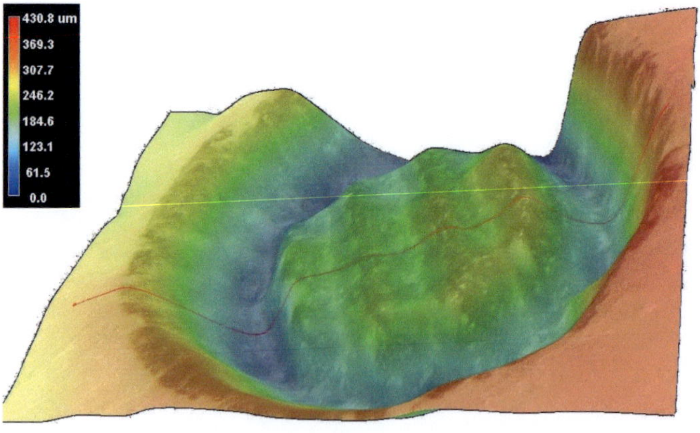

Abbildung 6.8: Profilvermessung eines Ablationsbereichs mittels digitaler 3D-Mikroskopie.

hier vorgestellte 3D-Mikroskop (besonders in Kombination mit einer motorisierten z-Verfahrung und wegen des möglichen Arbeitsabstands von 85 mm) für weitere derartige Untersuchungen durchaus empfehlenswert.

6.3 Dreidimensionale Vermessung der Ablation

Für die Simulation eines Knochenabtrages durch die Laserablation ist die Analyse der Form des zu entfernenden Knochenvolumens von Einzellaserpulsen nötig. Für die Analyse wurden 15 Einzellaserpulse appliziert und vermessen. Beim Knochenmaterial handelte es sich um eine Scheibe Rinderkompakta. Die betrachteten Einzelablationen und entstandenen Serien werden im Folgenden beschrieben. Die zugehörigen Auswertungen werden im Ergebniskapitel in Abschnitt 7.2 durchgeführt.

Wichtig ist hierbei, dass es sich um eine spezifische Untersuchung handelt, die zunächst nur für den in Kapitel 4 beschriebenen Aufbau gilt. Dieses lässt sich aus den hier zunächst postulierten Abhängigkeiten des Ablationsvolumens erklären. Alle in der folgenden Aufzählung mit $\star$ gekennzeichneten Abhängigkeiten wurden bisher aber nicht variiert vermessen. Das Ablationsvolumen und seine Form (siehe Abschnitt 6.3.2) sind abhängig von:

- dem Knochenmaterial (Mensch, Schwein, Rind, Hund, Kaninchen, etc.) $\star$
- der Knochendichte (Spongiosität) $\star$
- dem Wassergehalt des Knochens $\star$
- der Strahlführung (zusätzliche Verluste möglich) $\star$
- dem Strahlprofil $\star$
- der Form des Strahlprofils in der x-y-Ebene (siehe Abschnitt 6.3.1)
- der Pulslänge (siehe Abschnitt 6.3.3)
- der Pulslänge unter Verwendung kritischer Ablationsparameter (z.B. Pulslängen $> 100\,\mu s$) $\star$
- der Anzahl n der Einzellaserpulse an derselben Position für $n \geqslant 2$ $\star$ (für $n = 2$ siehe Abschnitt 6.3.4)
- der Strahlführung innerhalb der Bohrung oder dem Schnitt (Reflexion und Abschattungen an den Kanten) $\star$
- der Repetitionsrate an derselben Position $\star$
- der Variation der Linsenbrennweite (siehe Abschnitt 6.3.5)
- der relativen Lage des Fokus zum Knochen $\star$
- der Auslenkungsposition des Scannkopfspiegels $\star$
- dem Auftreffwinkel auf den Knochen $\star$
- der Oberflächenbeschaffenheit bzw. Rauheit der Probe $\star$
- dem applizierten Wasserfilm auf der Probe $\star$
- dem Karbonisationsgrad der Oberfläche $\star$

6.3.1 Form in der x-y-Ebene

Anhand eines exemplarischen Ablationseinzellaserpulses wird die Form in der x-y-Ebene analysiert. Der verwendete Puls N°10 zeichnet sich dadurch aus, dass die Scannerposition auf den Werten (0.0; 0.0) gestanden hat. Somit ist keine Verformung des Ablationsvolumens durch einen schräg auf den Knochen aufkommenden Strahl möglich[20]. Das Messergebnis ist in Abbildung 6.9 dargestellt. Auf der linken Seite ist eine Falschfarbendarstellung der Oberfläche aus der Sicht des Scankopfes zu erkennen. Durch eine Überlagerung von Helligkeit und Farbe ist der z-Wert definiert. In dem Bereich, in dem die Probe durch die Ablation nicht verändert wurde, sind die Farben deshalb dunkler; die tiefste Posititon, hervorgerufen durch den Einzellaserpuls, ist hell-bläulich. Zwei eingezeichnete Linien wurden in x- und y-Richtung jeweils von den Rändern des Ablationskraters definiert und beschreiben die Hauptachsen einer Ellipse. Die unterschiedlichen Längen der Linien sind deutlich erkennbar. Auf der rechten Seite ist derselbe Bereich durch die Verwendung von Höhenlinien dargestellt. Aus den Höhenlinien ist erkennbar, dass die Hauptachsen der Ellipse nicht genau mit den x- und y-Achsen übereinstimmen und die Daten eventuell noch eine geringe Rotation im Uhrzeigersinn benötigen.

Abbildung 6.10 zeigt die zugehörigen Profile in x- und y-Richtung; diese sind farblich wie in Abbildung 6.9 gekennzeichnet. Die jeweilige Abszisse hat nur die Länge des Linienausschnittes und entspricht von den Positionswerten nicht denen in Abbildung 6.9. Als Länge ergeben sich für die rote, durchgezogene Linie entlang der y-Achse 215 μm und für die blaue Linie entlang der x-Achse 180 μm.

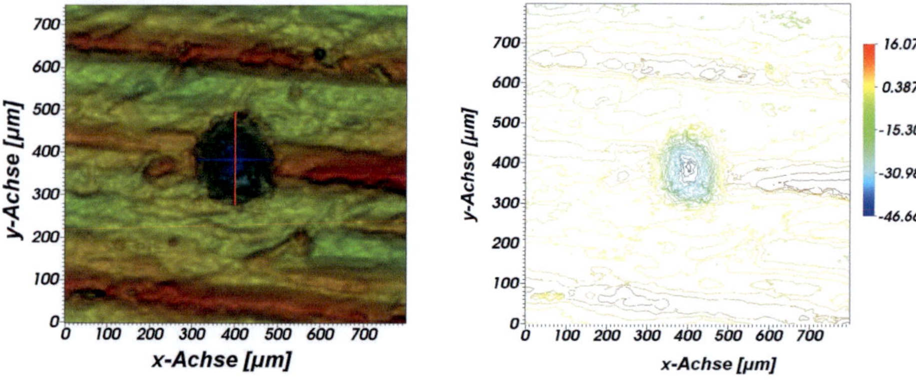

Abbildung 6.9: Zwei Darstellungen einer Aufsicht (x-y-Ebene) der untersuchten Knochenoberfläche mit Ablationsbereich des Pulses N°10. Eingezeichnet sind die Hauptachsen der elliptischen Grundfläche der Ablation. Links befindet sich eine Falschfarben-Oberflächenansicht und rechts eine Höhenliniendarstellung.

[20]Eine Zusammenstellung aller vermessenen und ausgewerteten Ablationen befindet sich in Anhang B.

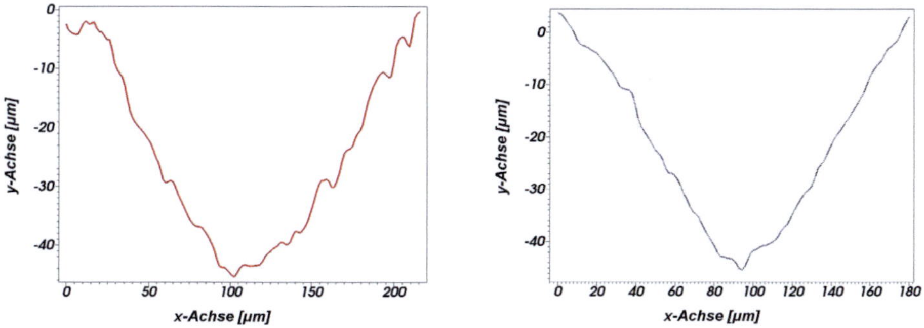

Abbildung 6.10: Profile durch das Ablationsvolumen (Puls N°10) in x- und y-Richtung. Die Daten entsprechen den eingezeichneten Schnittlinien aus Abbildung 6.9.

6.3.2 Fit der Messdaten mit einer Gaußfunktion

In diesem Abschnitt wird das Anpassen der Parameter einer Gaußfunktion an die Form der Ablationsvolumina bzw. der zweidimensionalen Schnitte durch das Ablationsvolumen beschrieben (Funktionsfitting). Zunächst wird der zweidimensionale Fall anhand eines Beispiels (Puls N°5) beschrieben. Zur Extraktion der zweidimensionalen Daten wird auf der Oberfläche eine Schnittlinie definiert. In Abbildung 6.11 ist dieses zwei- und dreidimensional illustriert. Die Ausrichtung der Schnittlinie wurde entlang eines *Hügelzugs* vorgenommen, um einen Funktionsfit mit möglichst wenig *Störung* vornehmen zu können. Die stufenförmige Rauigkeit der Probe ist beim Zusägen der Probe mit einer Bandsäge entstanden.

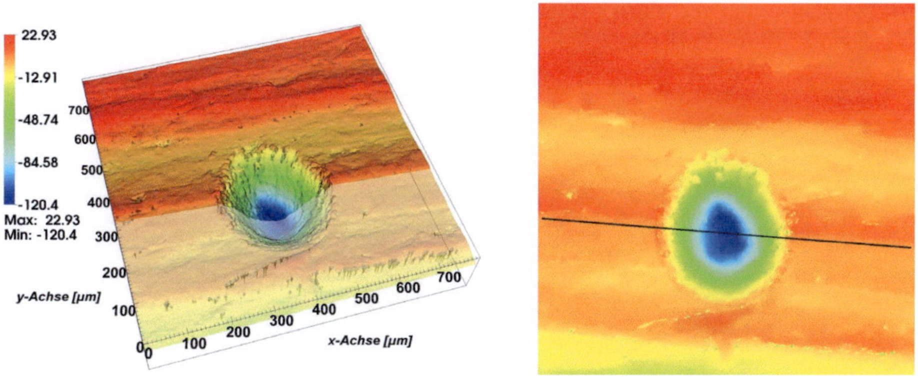

Abbildung 6.11: Drei- und zweidimensionale Ansicht des Ablationsbereichs von Puls N°5. Wegen der Oberflächenbeschaffenheit der Probe wurde die Profillinie schräg in die Probe hineingelegt.

Das Profil der Schnittlinie ist in Abbildung 6.12 unter der Bezeichnung *Originaldaten (Tiefe)* dargestellt. Alle dargestellten Werte wurden auf das Maximum der jeweiligen Datenreihe normiert, um das Maximum zentriert und auf der x-Achse normiert. Links und rechts vom Peak haben die Orignaldaten durchschnittlich einen positiven Offset, der herausgerechnet werden soll, um eine möglichst gute Fitfunktion zu finden. Deshalb wird aus der Datenreihe *ohne Peak* eine Regressionsgerade gebildet und von den Originaldaten abgezogen (*Originaldaten - Offset*). Daraufhin kann dann eine passende Funktion in die Messpunkte hineingelegt werden. Die Gaußfunktion bildet den Messwerteverlauf mit hinreichender Genauigkeit ab und ist als *Gaußfit (Tiefe)* dargestellt. Die Beschreibung als Gaußfunktion ermöglicht nun die genaue Zentrierung um das Maximum herum. Einer der Fitparameter beschreibt den Offset des Maximums zum Ursprung entlang der Abszisse.

Eine noch bessere Approximation lässt sich durch Einführung einer Ablationsschwelle beschreiben. Ist die Ablationstiefe funktional mit der Pulsdauer verbunden (siehe Kapitel 7), gibt es eine Energieschwelle, bis zu der keine bzw. ab der eine Ablation stattfindet. Dieses gilt auch im Randbereich eines Einzelpulses. Die ursprüngliche Gaußfunktion wird in Richtung positiver Werte nach dem funktionalen Zusammenhang verschoben und alle Werte, die unterhalb der Ablationsschwelle liegen, auf Null gesetzt.

Die Abbildung 6.12 zeigt weiterhin in Vergrößerung die Randbereiche des Ablationsvolumens. Deutlich sichtbar ist ein Kraterwall, wie er auch bei Kometeneinschlägen zu beobachten ist.

Zwei linear unabhängige Gaußprofilapproximationen können anschließend zu einer zweidimensionalen Gaußfunktion $z = G(x, y)$ zusammengesetzt werden. Das Fitting führt zu einer dreidi-

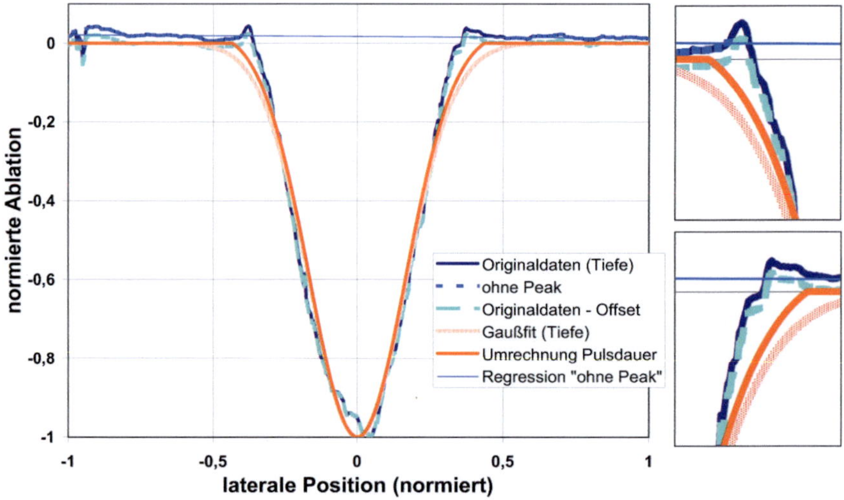

Abbildung 6.12: Profillinie in Originaldaten und Fittings aus Abbildung 6.11. Die zwei Ausschnittsbilder zeigen vergrößert die Randbereiche der Einzelablation und deren mögliche Fitfunktionen.

mensionalen Darstellung wie in Abbildung 6.13. Neuere Versionen von Datenanalyseprogrammen wie Origin [Orig08] unterstützen derartige dreidimensionale Fittings. Allerdings wurde in dieser Arbeit der oben beschriebene konventionelle Weg beschritten. Aus Praktibilitätsgründen wurden die meisten Schnitte entlang der x- und der y-Achse durchgeführt.

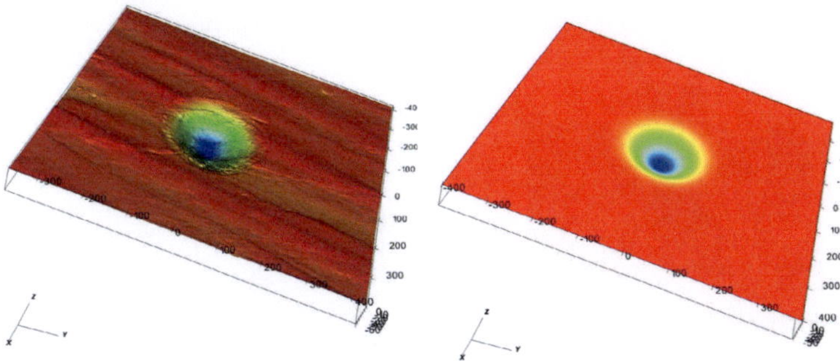

Abbildung 6.13: Vermessung eines Einzelablationspulses und Funktionsfit mittels einer Gaußfunktion.

Die Streubreite der Messungen konnte innerhalb der Arbeit nur ansatzweise untersucht werden. Drei Ablationspulse wurden mit derselben Pulsdauer $l = 30\,\mu s$ appliziert und nur die Probenposition (Scannerkoordinaten) geringfügig variiert. Die dreidimensionalen Oberflächen und die extrahierten Daten entlang der Achsen sind in Anhang B in Abbildung B.1 abgebildet. Die Gaußfunktionen wurden auf die ($z = 0$)-Linie verschoben und in Abbildung 6.14 zusammengestellt. Deutlich sind die Unterschiede der Ablationstiefe zu erkennen.

Wird beispielsweise der Puls N°11 genauer analysiert, stellt sich schnell heraus, dass der Untergrund der Probe eine wesentliche Rolle spielt. Abbildung 6.15 zeigt mehrere Schnittlinien und deren Daten. Der Puls ist ungewollt direkt auf einer Erhöhung des Untergrundes platziert

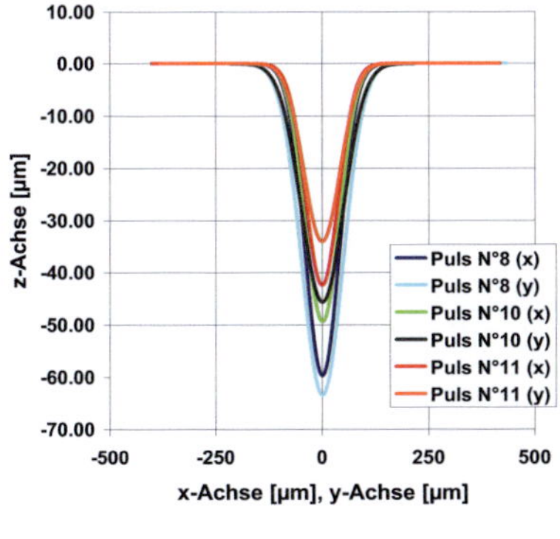

Abbildung 6.14: Gemeinsame Darstellung aller auf $z = 0$ nivellierten Gaußfunktionen der Pulse N°8, N°10 und N°11.

worden. Anhand der mit den Gaußfunktionen extrahierten Daten entlang der x- bzw. y-Achsen wurden maximale Tiefen von 42.2 μm bzw. 33.8 μm festgestellt. Die Daten der Schnittlinien aus Abbildung 6.15 lassen allerdings erkennen, dass die wahre Ablationstiefe eher zwischen 45 μm und 50 μm liegt. Die Gaußfunktionsparameter sollten deshalb, wenn möglich, nach Abzug des Untergrundes ermittelt werden. Außerdem spielt der Einfluss des Untergrundes bei kleinerer Energiedichte eine größere Rolle, weil das Signal-zu-Rausch-Verhältnis dort sehr klein ist.

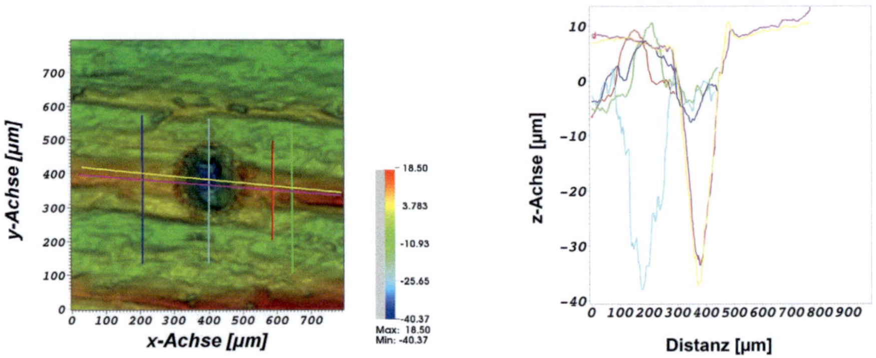

Abbildung 6.15: Darstellung des Einflusses des Untergrundes bei der Erstellung von zweidimensionalen Daten aus den dreidimensionalen Profilen.

6.3.3 Variation der Pulslänge

Um einen funktionalen Zusammenhang zwischen Pulslänge (Energiedichte) und Abtragstiefe ermitteln zu können, wurden sieben Einzellaserpulse mit zwei verschiedenen Brennweiten auf den Knochen appliziert. Abbildung 6.16 stellt die vier Messungen mit der Brennweite $F = 100$ mm dar (Puls N°1, N°3, N°4 und N°5). Die Pulslänge variierte zwischen $l = 20\,\mu$s und $l = 100\,\mu$s. Es ergeben sich maximale Kratertiefen zwischen $t_{20\,\mu s} \approx 22\,\mu$m und $t_{100\,\mu s} \approx 120\,\mu$m. Die Falschfarben-Skalierung wurde bei den vier vermessenen Volumina mit der Brennweite $F = 100$ mm unverändert auf Werte zwischen 0 μm und 100 μm eingestellt, um eine gute Vergleichbarkeit zu ermöglichen. Die Vergrößerung des Ablationsvolumens ist sehr gut erkennbar.

Die prinzipiell gleichen Messungen und Beobachtungen wurden für die drei Messungen mit der kürzeren Brennweite $F = 75$ mm durchgeführt. Die Ablationsvolumina der Laserpulse N°6, N°8 und N°9 entsprachen Pulslängen von $l = 20\,\mu$s, $l = 30\,\mu$s und $l = 50\,\mu$s.

Abbildung 6.17 zeigt die dreidimensionalen Darstellungen dieser Ablationsgebiete. Im Vergleich mit den Ablationsvolumina bei der Brennweite $F = 100$ mm sind die maximalen Tiefen bei kleiner Brennweite größer (von $t_{20\,\mu s} \approx 38\,\mu$m bis $t_{50\,\mu s} \approx 102\,\mu$m). Dafür erscheinen die Durchmesser in Abbildung 6.17 kleiner als in Abbildung 6.16. Der laterale Durchmesser des Ablationsbereichs wird in Abschnitt 6.3.5 diskutiert.

Die Volumina aus den beiden Ablationsserien in Abbildung 6.16 und 6.17 ermöglichen nun eine Auswertung der Gaußfunktionsparameter. Dafür werden, wie in Abbildung 6.18 darge-

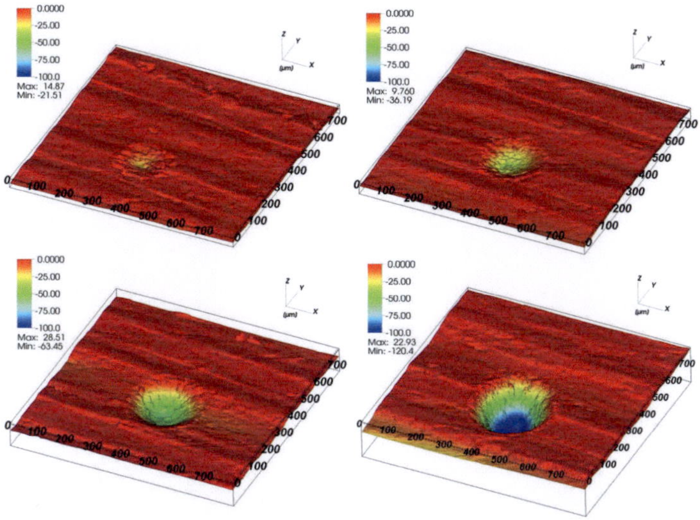

Abbildung 6.16: Dreidimensionale Darstellung der Oberflächen von Ablationen mit vier Pulslängen $l = \{20; 30; 50; 100\}$ μs mit Brennweite $F = 100\,\text{mm}$.

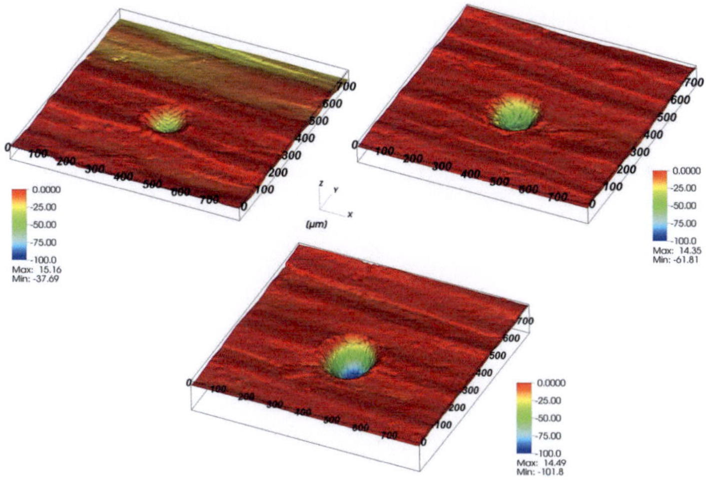

Abbildung 6.17: Dreidimensionale Darstellung der Oberflächen von Ablationen mit drei Pulslängen $l = \{20; 30; 50\}$ μs mit Brennweite $F = 75\,\text{mm}$.

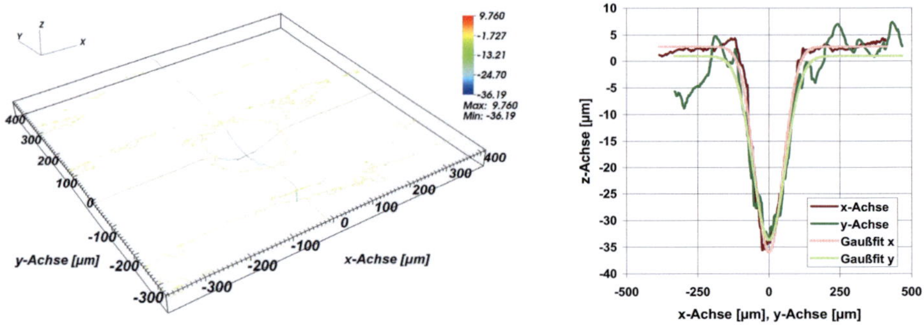

Abbildung 6.18: Extraktion der Profile aus den gesamten Oberflächendaten entlang der x- und der y-Achse des Puls N°3 sowie Darstellung der gefitteten Gaußfunktionen.

stellt, Profildaten entlang der x-Achse und der y-Achse entnommen und mit Gaußfunktionen approximiert.

Die weiteren sechs Messdaten der übrigen Ablationsvolumina dieser Messreihen sind in Anhang B in Abbildung B.2 dargestellt. Es zeigte sich, dass alle Daten mittels zweier linear unabhängiger Gaußfunktionen approximierbar sind.

6.3.4 Variation über die Pulsanzahl: Doppellaserpulse

Um der Fragestellung nachzugehen, ob die Ablationswirkung in der (n+1)-ten Knochenschicht der in der n-ten Schicht entspricht, wurden an zwei Positionen der Probe jeweils doppelte Einzellaserpulse appliziert. Die zwei Positionen unterscheiden sich durch die verwendete Linse: Brennweite $F = 75\,\mathrm{mm}$ für (Doppel-)Puls N°7 und $F = 100\,\mathrm{mm}$ für Puls N°2.

Abbildung 6.19 stellt die extrahierten Daten von Puls N°2 entlang den Achsen durch den Ursprung dar. Auf der linken Seite werden zunächst die Messreihen und deren Gaußfittings und auf der rechten Seite der Vergleich der Gaußfittings mit einem der beiden Gaußfittings von Puls N°1 abgebildet. Analoges gilt für Puls N°7 in Abbildung 6.20.

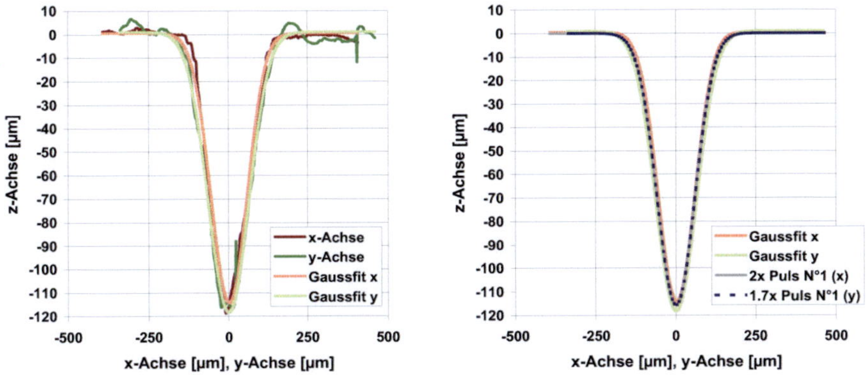

Abbildung 6.19: Darstellung der extrahierten Daten von (Doppel-)Puls N°2 entlang den Achsen und deren gefittete Gaußfunktionen sowie die Darstellung der Gaußfunktionen im Vergleich zu jener von Puls N°1, welche um den Faktor 2 bzw. Faktor 1.7 skaliert ist.

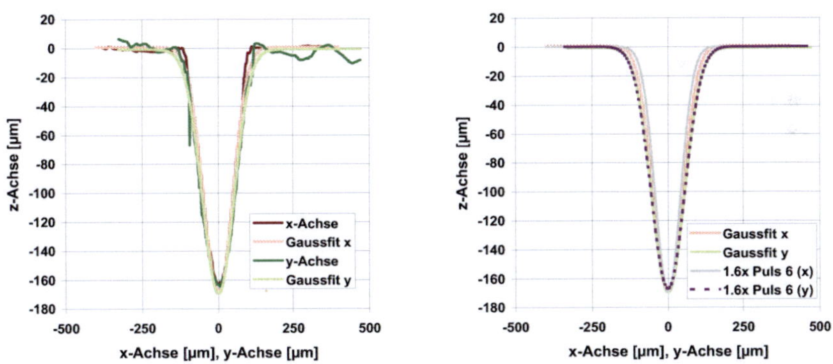

Abbildung 6.20: Darstellung der extrahierten Daten von (Doppel-)Puls N°7 entlang den Achsen und deren gefittete Gaußfunktionen sowie die Darstellung der Gaußfunktionen im Vergleich zu jener von Puls N°6, welche um den Faktor 1.6 skaliert ist.

6.3.5 Variation des Ablationsdurchmessers

Um den Einfluss eines variierenden Strahldurchmessers zu evaluieren und den Parameter gezielt für die Wahl eines Ablationsbereichs einsetzen zu können, wurden, wie bereits erwähnt, zwei verschiedene Linsen für die Strahlfokussierung eingesetzt. Beispielhaft ist die Aufsicht von zwei Ablationen mit den Brennweiten $F = 75\,\text{mm}$ und $F = 100\,\text{mm}$ in einer Gegenüberstellung in Abbildung 6.21 dargestellt. Die Durchmesser bzw. die Ellipsenparameter des Kraterrandes variieren sowohl innerhalb der Pulslängenserien als auch zwischen den unterschiedlichen Brennweiten wie in der Abbildung 6.21 verdeutlicht. Der Parameter FWHM der Gaußfunktionen könnte alternativ ausgewertet werden, wurde hier aber nicht weiter verfolgt.

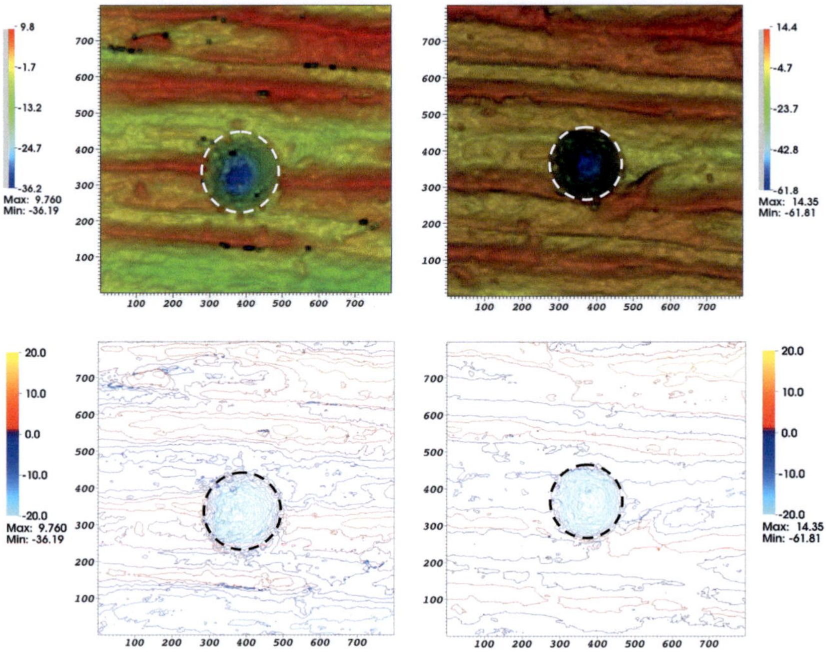

Abbildung 6.21: Gegenüberstellung des Ablationsbereichs bei den zwei Brennweiten $F = 75\,\text{mm}$ (links) und $F = 100\,\text{mm}$ (rechts) bei gleicher Pulslänge von $30\,\mu\text{s}$. Zur Verifikation der manuell eingezeichneten Ablationsränder wurden pro Einzelpulsablation zwei Darstellungen verwendet.

7 Ergebnisse

In diesem Kapitel werden die Ergebnisse der vorliegenden Dissertation dargelegt. Es werden gelöste Herausforderungen vorgestellt, deren Ergebnisse Neuheiten in der Medizintechnik beschreiben. Die folgenden Punkte entsprechen der Gliederung des Kapitels:

- **Bildverarbeitungsunterstützte Grenzflächendetektion**
  Verfahren für eine automatische Detektion von Grenzflächen sind bei abtragender Materialbearbeitung wichtig und noch nicht umfassend gelöst. Für die Laserknochenbearbeitung sind zwar bereits Ansätze zur Grenzflächenerkennung vorhanden, allerdings werden erst dann Unterschiede in den Messdaten mit hoher Sicherheit detektiert, wenn die zweite Schicht nach der Grenzfläche bereits errreicht wurde. Für das Abtragen einer kompletten Schicht ohne Zerstörung der Grenzfläche muss das Ende der ersten Schicht oder der Anfang der zweiten erkennbar sein. Für die Cochleostomie stellt dies während einer normalen OP das Durchschimmern des Endosts dar (siehe Abbildung 1.1). Die innerhalb der bisherigen Forschung zur Cochleostomie noch nicht durchgeführte Detektion der Grenzflächen und die Segmentierung des Endosts mittels Bildverarbeitungsunterstützung wird vorgestellt.
- **Auswertung der gemessenen Profile der gepulsten Laserknochenablation**
  Die dreidimensionale Vermessung von Einzellaserpulsablationen in Knochen ist im Rahmen dieser Arbeit erstmalig durchgeführt worden. Die Ergebnisse der Auswertung dieser Messungen werden beschrieben.
- **Planung mikrochirurgischer Laserknochenablation**
  Besonders die Möglichkeit mit der Laserablation feinere Strukturen als mit konventionellen Werkzeugen abzutragen, kann einen großen Fortschritt in zukünftigen Anwendungen bedeuten. In der Augenheilkunde hat dies bereits Einzug bei der Korrektur von Fehlsichtigkeiten gehalten (vgl. Abschnitte 3.3.2 und 3.4.3). Für die Laserknochenablation ist die geplante volumenausfüllende, aus mehreren Pulsen zusammengesetzte, mikrochirurgische Ablation neuartig.
- **Gesamtsystem zur präzisen Umsetzung und bildbasierten Regelung einer Lasercochleostomie**
  Innerhalb dieser Arbeit wurde ein neuartiges System realisiert, dessen Entwurf und Aufbau bereits in Kapitel 4 vorgestellt wurde. Er beinhaltet die Funktion zur mikrochirurgischen Laserknochenablation mit Unterstützung durch Bildverarbeitung für die Grenzflächenerkennung am Beispiel der Cochleostomie. Videoüberwachung mit angeschlossener Bildverarbeitung zur Prozesskontrolle bzw. bildbasierter Regelung ist zwar aus der Industrie bekannt (vgl. Abschnitt 3.3), für die Medizintechnik in der Bearbeitung von Knochen aber neu.

7.1 Bildverarbeitungsunterstützte Grenzflächendetektion

Die Ergebnisse der Bildverarbeitungsunterstützung während der Cochleostomie teilen sich in zwei Bereiche auf. Zunächst wird die Grenzflächendetektion bei der Perforation des Endosts vorgestellt; anschließend wird die Segmentierung besprochen, die zum kompletten Freilegen des Endosts führte.

Anhand von 92 Bildern in zwei Serien (Cochleostomien) wurden die in Abschnitt 5.1.1 vorgestellten Algorithmen für eine Grenzflächendetektion untersucht. Davon war auf 22 Bildern eine Perforation in die Cochlea erkennbar und auf 70 Bildern stand diese noch bevor. Vorhandene Perforationen wurden von allen drei Filtern mit mindestens 85%iger Wahrscheinlichkeit erkannt. In Tabelle 7.1 sind die Ergebnisse dieser Untersuchung zusammengestellt (vgl. zusätzlich [Kahr07a, Mehr07]).

Tabelle 7.1: Zusammenfassung der Ergebnisse der automatischen Grenzflächenerkennung.

	Fast Marching Algorithmus		Fuzzy c-mean Algorithmus		Watershed Transformation	
	Richtig erkannt	Falsch erkannt	Richtig erkannt	Falsch erkannt	Richtig erkannt	Falsch erkannt
Perforation vorhanden	21	1	22	0	19	3
Perforation nicht vorhanden	9	61	0	70	10	60

Ist keine Perforation vorhanden, werden allerdings trotzdem häufig Grenzflächenbereiche detektiert. Solche *false positive* Ergebnisse sind für den Einsatz im Labor akzeptabel, weil bei jeder erkannten Grenzfläche eine Interaktion des Systems mit dem Benutzer stattfindet. Zu viel erkannte Grenzflächen erfordern demnach nur eine Bestätigung, dass der Ablationsvorgang fortgesetzt werden soll. Für einen späteren Patienteneinsatz ist die Erkennungsrate nicht akzeptabel und weiterführende Algorithmen müssen eine sicherere Bildverarbeitungsunterstützung garantieren. Dies gilt besonders, wenn bedacht wird, dass eigentlich eine bildverarbeitungstechnisch anspruchsvollere Grenzfläche, nämlich das Endost und nicht die Perforation, erkannt werden soll (vgl. Abbildung 6.5).

Aufgrund der nicht zuverlässigen automatischen Grenzflächendetektion wurde die Bildverarbeitungsunterstützung mittels semiautomatischer Segmentierung realisiert. Während der Verwendung des CSC-Algorithmus kam es beispielsweise in einer Machbarkeitsuntersuchung zum Freilegen des Endosts (vgl. Abschnitt 6.2.5). Erkennt der Benutzer (Chirurg) das Endost, legt das System mit Hilfe des CSC-Algorithmus Regionen fest, von denen nur noch eine oder mehrere ausgewählt werden müssen. Die Form der Segmentierung durch Anwendung des CSC-Algorithmus wurde mit einem Teil der oben erwähnten Bilder, auf denen sowohl das Endost als auch eine Perforation zu sehen war, evaluiert und die resultierende Region als visuell übereinstimmend mit dem Endost gewertet (vgl. Abbildung 6.5).

Als Ergebnis der bildverarbeitungsunterstützten Grenzflächendetektion wird zusammengefasst, dass diese prinzipiell möglich war und sich eine erfolgreiche Anwendung am humanen Felsenbein umsetzen ließ. Derartige bildverarbeitungsunterstützte Grenzflächendetektionen wurden vor dieser Arbeit nicht genutzt und nicht erforscht.

7.2 Auswertung der gemessenen Profile der gepulsten Laserknochenablation

Die in Knochenmaterial applizierten und mittels konfokaler Mikroskopie vermessenen Lasereinzelpulsablationen werden im Folgenden ausgewertet (vgl. Abschnitte 4.1.2 und 6.3). Es sind aus der Literatur keine ähnlichen quantitativen Ergebnisse, die auf der Auswertung einzelner Laserpulse basieren, bekannt. Keine der bekannten Publikationen hat den Prozess der gepulsten Laserknochenablation bisher als Zusammensetzung einzelner Volumina, die durch Integration von 2D-Gaußfunktionen $G(x, y)$ approximiert werden können, beschrieben. Das Ablationsvolumen V läßt sich aus folgenden Gleichungen herleiten:

$$\begin{aligned} G(x,y) &= a \cdot \exp\left(\frac{(x-b_x)^2}{-2\cdot c_x^2}\right) \cdot \exp\left(\frac{(y-b_y)^2}{-2\cdot c_y^2}\right) + d \\ G^*(x,y) &= \begin{cases} 0 & \text{, falls } G(x,y) < z_{\mathrm{As}}, \\ G(x,y) - z_{\mathrm{As}} & \text{, sonst.} \end{cases} \\ V &= \iint G^*(x,y)\,dx\,dy \end{aligned} \tag{7.1}$$

Die Koeffizienten a, b_x, b_y, c_x, c_y und d der Gleichungen (7.1) sind die Parameter, die sich aus einem Gaußfit ermitteln lassen. Der Wert z_{As} beschreibt indirekt die Ablationsschwelle und lässt sich beispielsweise aus der benötigten Verschiebung der Gaußfunktion ermitteln (vgl. Abschnitt 6.3.2).

Im Folgenden sind verschiedene Abhängigkeiten der Pulslänge und Brennweite von Abtragstiefe, -durchmesser bzw. -volumen dargestellt. Anders ausgedrückt bedeutet die kontrollierte Variation dieser Parameter das gezielte Design von Einzellaserpulsablationen. Dies war für Knochen vor den Untersuchungen in dieser Dissertation nicht möglich.

7.2.1 Bestimmung der Abhängigkeit von Pulslänge zu Ablationstiefe

Hier werden die in Abschnitt 6.3.3 vorgestellten Messreihen zusammengefasst und die vermessenen Ablationsbereiche bezüglich ihrer Tiefe ausgewertet. In Abhängigkeit zur Pulslänge ergibt sich aus den Maxima der gefitteten Gaußfunktionen ein linearer Zusammenhang, der in Abbildung 7.1 dargestellt ist. Die Fehlerbalken resultieren aus den verschiedenen Gaußfittings in x- und y-Richtung der jeweiligen Ablationskrater (vgl. Abschnitt 6.3.2). Sowohl die Regressionsgerade der Messwerte für die Brennweite $F = 100\,\mathrm{mm}$ als auch die für $F = 75\,\mathrm{mm}$ enden auf der Abszisse in einem gemeinsamen Schnittpunkt. Dieser stellt die Ablationsschwelle dar, also

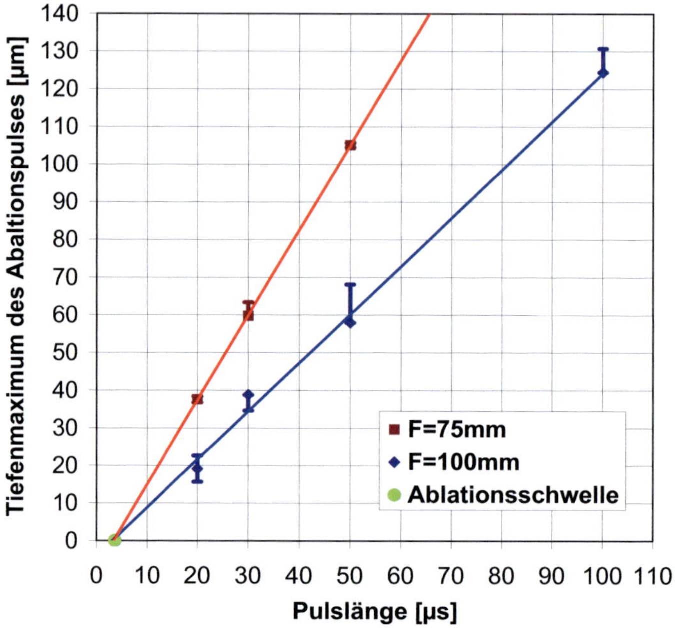

Abbildung 7.1: Darstellung der Werte für die Tiefenmaxima der gefitteten Gaußfunktionen in Abhängigkeit zur Pulslänge der Ablationseinzellaserpulse. Die Auftragung beinhaltet Werte aus zwei Messreihen mit unterschiedlicher Brennweite F. Des Weiteren kann aus den Daten experimentell die Ablationsschwelle bestimmt werden.

die Energiemenge, die benötigt wird, um überhaupt ein Volumen durch den Ablationsvorgang aus dem Knochen herauszulösen. Die Ablationsschwelle wird mit der Pulslänge $l_P = 4\,\mu s$ bestimmt und entspricht nach der Umrechnung von Werner [Wern07a] – Linearität vorausgesetzt – ungefähr der Energie von 1.5 mJ. Hieraus kann mit Hilfe des Strahldurchmessers d die Ablationsschwellenenergiedichte Φ berechnet werden. Ist $d = 200\,\mu m$, beträgt $\Phi_d = 1.2\,J/cm^2$, welches dem Werteintervall von Ivanenko et al. [Ivan05a] entspricht. Die Werte von Ivanenko bzw. Mitra [Mitr02] haben den Ursprung in einer thermischen Simulation und können somit als Verifikation angesehen werden.

Die Werte der Pulslänge sind abhängig vom Versuchsaufbau. Geht beispielsweise durch die Strahlführung Energie verloren oder wird ein anderes Lasersystem eingesetzt, wird es eine relative Verschiebung der Werte geben. Eine Darstellung Energie-Werte vs. Ablationstiefe durch die experimentelle Bestimmung der Energieflussdichte mittels eines Laserleistungsmessgerätes und Umrechnung der Pulslängen in Energien wäre langfristig ratsam. Des Weiteren sind zusätzliche Datenpunkte sinnvoll (vgl. Abschnitt 8.4).

7.2.2 Variation des Ablationsvolumens von Einzellaserpulsen durch Verwendung verschiedener Brennweiten

Bei der Variation der Brennweite wird erwartet, dass die gleiche Energie (Pulslänge) zu einem gleich großen Ablationsvolumen pro Einzellaserpuls führt. In Abbildung 7.2 ist das Ablationsvolumen von den Laserpulsen mit den Pulslängen $l = \{20; 30; 50\}$ μs bei den zwei Brennweiten $F = \{75; 100\}$ mm aufgetragen. Die hellgraue Gerade hat die Steigung 1 und stellt den oben beschriebenen Idealfall dar. Erkennbar ist, dass die Ablationskrater für die beiden Brennweiten durchschnittlich nicht identische Volumina besitzen. Die durchgezogene rote Gerade ist die Regressionsgerade der Messwerte und die gestrichelte bzw. gepunkteten Geraden stellen weitere mögliche Ausgleichsgeraden dar, die im Rahmen der Fehlerbalken möglich wären. Die Fehler resultieren erneut aus der unterschiedlichen Bestimmung der x- und y-Gaußprofile, aus der sich nach Formel (7.1) das Volumen berechnet. Zeigen die Fehlerbalken nur in eine Richtung, bedeutet dies, dass ein Messwert als vertrauenswürdig ausgewählt wurde (vgl. Abschnitt 6.3.2).

Selbst wenn hier weitere Messpunkte ratsam wären, lässt sich ein Trend erkennen: Das Ergebnis der Regressionsrechnung ergibt eine Gerade mit der Steigung > 1. D.h. die Ablationsvolumina, die mit kleinerer Brennweite erzeugt wurden, sind tendenziell größer als solche, die mit größerer

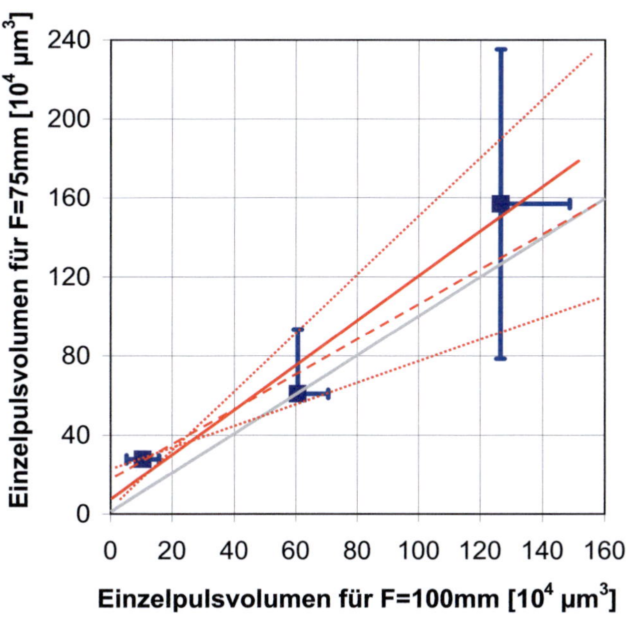

Abbildung 7.2: Vergleich der Ablationsvolumina von applizierten Einzelpulsen mit zwei verschiedenen Brennweiten F. Die Datenpunkte entsprechen den Pulslängen $l = \{20; 30; 50\}$ μs.

Brennweite erzeugt wurden. In Abschnitt 6.3.5 wurde bereits diskutiert, dass der Unterschied zwischen den Ablationsbereichen mit abnehmenden Brennweiten ist, dass diese einen kleineren Durchmesser und eine größere Tiefe bekommen.

Anzunehmen ist, dass der Grund in der Ablationsschwelle liegt, die nicht nur bei den Pulsen insgesamt[21], sondern ebenfalls an den Flanken der Ablationsprofile eine Rolle spielt. Sobald die Energie an den Rändern der Gaußprofile unter das Energieäquivalent von $l_P = 4\,\mu$s sinkt, findet dort keine Ablation mehr statt. Ein schmaleres und tieferes Gaußprofil hat durch die Ablationsschwelle bei gleichem Volumen - respektive einwirkender Ablationsenergie - gegenüber einem breiteren und flacheren Gaußprofil einen niedrigeren Verlust an Volumen.

7.2.3 Variation des Ablationsdurchmessers auf der Knochenoberfläche

Für die Auswertung der lateralen Ausdehnung des Ablationsbereichs auf der Knochenoberfläche wird in einer Vereinfachung zunächst von einem einheitlichen Ablationsdurchmesser ausgegangen. Durch Variation der Parameter Pulslänge und Brennweite ergibt sich die Möglichkeit den Durchmesser einzustellen. In Abbildung 7.3 ist die Pulslänge gegen den Durchmesser des Ablationsbereichs aufgetragen. Dies gestattet für die Simulation eine weitere Möglichkeit der Optimierung.

In Abbildung 7.3 sind zusätzlich zu den beiden Messreihen der Pulslängenvariation bei unterschiedlichen Brennweiten noch das Energieäquivalent der Doppellaserpulse (DP) eingetragen. Bei den beiden Messpunkten wird sichtbar, dass diese einen größeren Durchmesser haben als die Pulse, welche nur mit dem einfachen Puls appliziert werden. Der Doppellaserpuls bei $F = 100\,$mm ist aber auch kleiner im Durchmesser als sein Energieäquivalent.

Durch das Hinzufügen des Datenpunktes bei der Ablationsschwelle ergibt sich als mögliche Fitfunktion eine Exponentialfunktion. Für die Doppellaserpulse (DP) muss ein vergleichbarer Zusammenhang mit mehreren Datenpunkten erst noch hergestellt werden. Ebenfalls sollten auch noch weitere Stützpunkte für die beiden existierenden Datenreihen gefunden werden. Die Evaluierung mit einer weiteren Linse mit Brennweite $F \neq \{75; 100\}$ mm könnte ebenfalls das Modell bestätigen.

Im Zuge der Bestimmung des Durchmessers wurde der Grad der Elliptizität des Ablationsbereichs bestimmt. Es ergab sich für alle Ablationseinzellaserpulse eine durchschnittliche Elliptizität und deren Standardabweichung 1.10 ± 0.09.

7.3 Planung mikrochirurgischer Laserknochenablation

Nachdem die Ablationsvolumina pro Puls und damit die Parameter der Gaußfunktionen bestimmt worden sind, können mit deren Hilfe die Einzelvolumina in einem größeren Abtragsgebiet positioniert und daraus das geplante Gesamtablationsvolumen zusammengesetzt werden.

[21] Zwei Beispiele: Ein Puls mit der Pulslänge $l_{P_1} = 40\,\mu$s wirkt nur wie ein Puls mit der $l'_{P_1} = 36\,\mu$s; ein weiterer Puls mit der Pulslänge $l_{P_2} = 3\,\mu$s löst keine Ablation mehr aus.

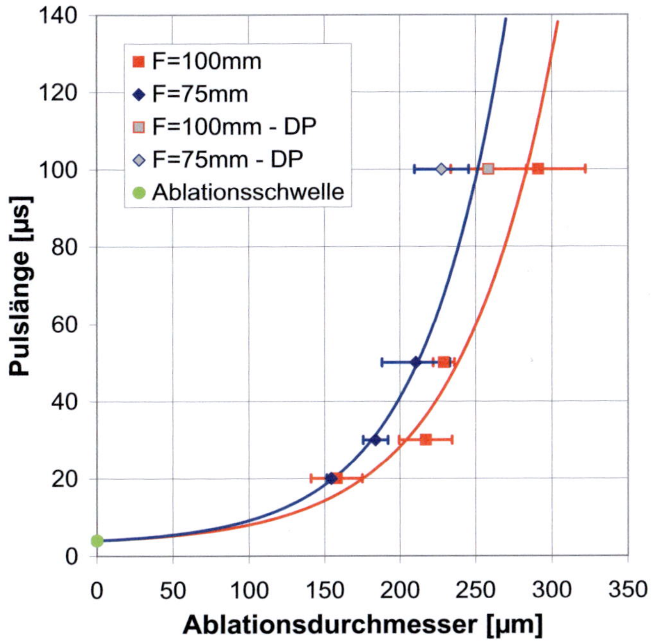

Abbildung 7.3: Auftragung des Ablationsdurchmessers gegen die Pulslänge bei den zwei Brennweiten F. Nach Eintragung der Ablationsschwelle lassen sich Exponentialfunktionen in die Messdaten fitten.

Die Ablationsplanung wurde bereits in Abschnitt 4.1 eingeführt und die verwendeten Algorithmen wurden in Abschnitt 5.2 beschrieben. Ziel dieser Planung ist ein gleichmäßiger Abtrag unter Berücksichtigung auftretender, zu erhaltender Grenzflächen.

Exemplarisch wurde ein zylindrischer Bohrkanal für die Cochleostomie mit 1.2 mm Durchmesser definiert. Die Ablationstiefe wurde zunächst auf 1 mm begrenzt. Das Einzelpulsablationsvolumen und dessen Form wird mit den Gaußfunktionsparametern an einen Puls mit $l_P = 50\,\mu$s beschrieben, d.h. das Tiefenmaximum beträgt $60\,\mu$m und der Durchmesser an der Oberfläche entspricht $260\,\mu$m. Diese zu entfernenden Volumina werden sukzessive in das Gesamtvolumen des Bohrkanals verteilt. Zum Abtragen des Knochenmaterials wird der Algorithmus 3 und zur Bestimmung der nächsten Pulsposition hauptsächlich der Algorithmus 4 eingesetzt. Der zuletzt genannte ist durch seine geringere Komplexität (Anzahl an Iterationen, Rechenzeit) schneller als die Algorithmen 5 und 6, berücksichtigt allerdings nicht die gleichmäßige Verteilung der Pulse in der (x, y)-Ebene. Für derartig verteilte Pulse pro Ebene werden aber gerade diese komplexeren Algorithmen benötigt.

In Abbildung 7.4 sind die ersten drei Ebenen mit 14, 15 und 13 Ablationspulsen dargestellt. Der zu bearbeitende Knochenbereich ist bei gleichzeitiger Darstellung der sich nicht überlappenden Pulse einer Ebene (Überblendung, erweiterte Realität) sehr gut kontrollierbar. Damit erhält der Chirurg die Möglichkeit der Interaktion mit dem System.

Innerhalb jeder Ebene wird die nächste Pulsposition nach der kumulierten Höhe (vgl. Algorithmen 5 und 6) ausgewählt. Kann in der aktuellen Ebene keine weitere Ablation untergebracht werden, ohne dass es Überlappungen gibt, wird eine neue Ebene angelegt. In der darauf folgenden Ebene wird erneut nach den niedrigsten kumulierten Höhen gesucht, etc.

Gut erkennbar ist in der Aufsicht in Abbildung 7.4, dass sich bisher keine zwei Pulse soweit überlappen, dass die Maxima (rote Bereiche) der Ablationskrater sich berühren. Ebenfalls sind Bereiche zu beobachten, die bisher noch nicht bearbeitet wurden (weiss). Diese Positionen werden in der folgenden Ebene Ziel der Ablationen werden. Somit ebnet sich die Grundfläche des gesamten Ablationszylinders immer weiter ein und wird in das Knochenmaterial vorangetrieben.

Die Abbildung 7.5 zeigt den kumulierten Abtrag mit verschiedener Anzahl an Lasereinzelpulsen. Erneut findet eine Präsentation der Planungsergebnisse der Pulspositionen sowohl in Seitenansicht als auch in Aufsicht statt. Der Knochen bzw. die Knochenobenfläche ist im gräulichbraun-orangen Farbton dargestellt. Die Seitenansicht von schräg oben bzw. schräg unten gibt einen guten Überblick über den Fortschritt der geplanten Ablation, während die Aufsicht den chirurgischen Blick durch das Mikroskop wiedergibt. Die Ansicht von schräg unten ist zwar unrealistisch, weil sozusagen durch den Knochen hindurch auf die Außenwand des Bohrkanals geschaut wird, ermöglicht aber bei diesem Durchmesser-Tiefen-Verhältnis überhaupt noch einen sinnvollen schrägen Blick auf die Grund- bzw. Außenfläche der Ablation.

Dieser Blick erlaubt zusätzlich die Visualisierung der Grenzflächen, die bei den letzten Simulationen mit hoher Anzahl der Ablationslaserpulse sichtbar werden. Die während der Cochleostomie zu erhaltende membranöse Auskleidung ist als weiße Schicht und die Perilymphe in der

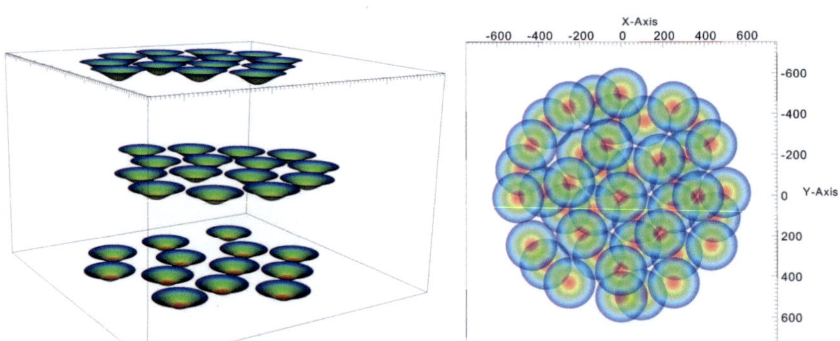

Abbildung 7.4: Die ersten 42 Lasereinzelpulsablationen aufgeteilt in drei Ebenen, die jeweils maximal mit Lasereinzelpulsablationen ausgefüllt wurden. Dargestellt ist sowohl eine schräge Seitenansicht als auch eine Aufsicht der Simulation.

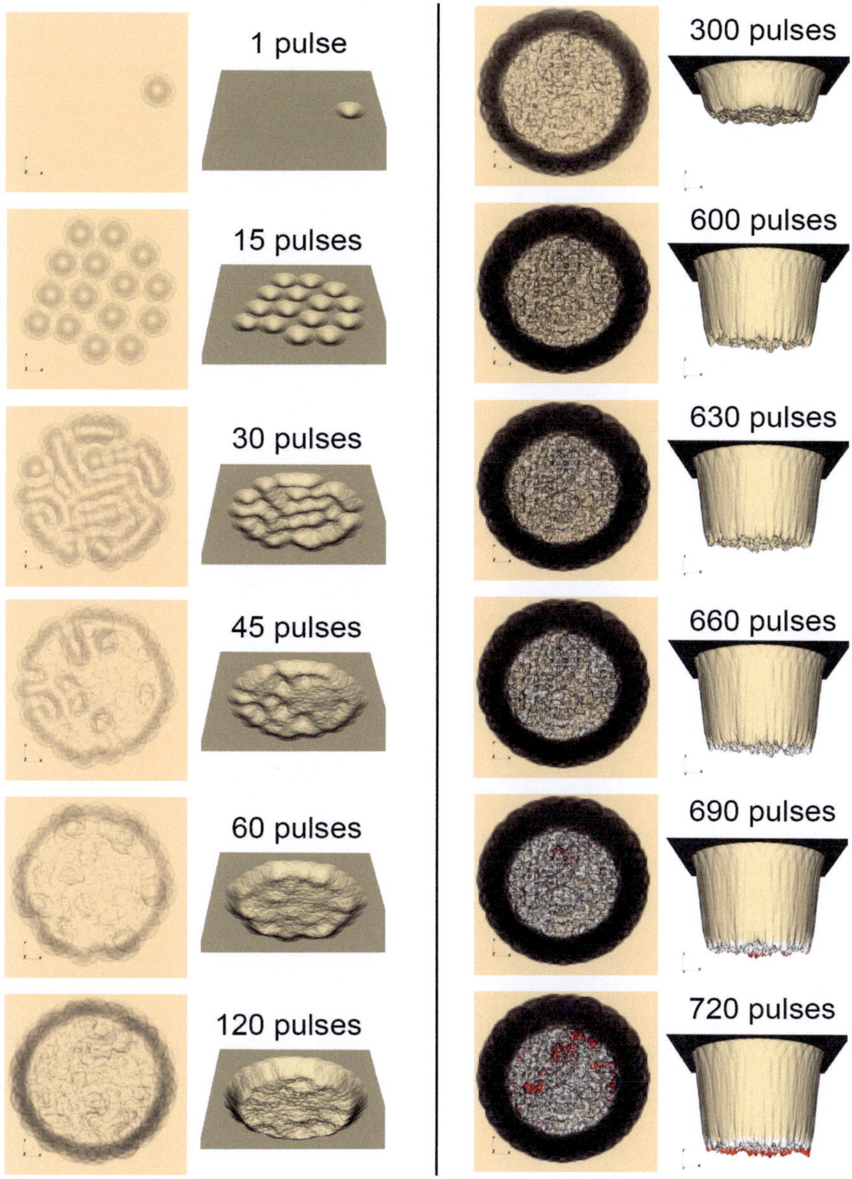

Abbildung 7.5: Aufsicht und schräge Seitenansicht veranschaulichen die Darstellung verschiedener Zwischenschritte in der Planung der Einzelpulsverteilung. Nach dem erstmaligen Erreichen der Bohrlochtiefe von 1 mm wurde die Ablation beendet. Dies entspricht 720 Laserablationseinzelpulsen.

Farbe rot dargestellt. Im Folgenden werden die einzelnen Ablationsschritte in Abbildung 7.5 vorgestellt.

Der erste Ablationslaserpuls wird an beliebiger Stelle im Ablationsgesamtvolumen der Knochenoberfläche positioniert. Die zwei Darstellungen, auf denen der Knochen mit 15 Ablationslaserpulsen abgebildet ist, ähnelt der ersten Ablationsebene aus Abbildung 7.4, allerdings ist ein weiterer Puls platziert worden (links außen), der deutliche Überlappungsbereiche zu seinen beiden Nachbarpulsen erkennen lässt. Ab 30 Pulsen wird sichtbar, dass ein Glättungsprozess einsetzt. Wird ein Laserpuls genau zwischen zwei existierende positioniert, entsteht der Anfang eines *Linienzuges* mit gleichmäßiger Tiefe. Gleichzeitig sind, hervorgerufen durch die kreisförmigen Ränder der Einzellaserpulsablationen in der simulierten Aufsicht, Strukturen wie in einer realen mikroskopischen Aufsicht (vgl. Abbildung 6.4) erkennbar. Bei 45 Pulsen sind noch vereinzelt kleine Erhöhungen sichtbar, die nahezu das Höhenniveau der ursprünglichen Knochenobenfläche haben. Ab 60 Pulsen ist die Oberfläche dann nahezu glatt. Die erneute Mikroaufrauung ab 120 Pulsen wird auf die Auflösung der Simulation zurückgeführt.

In der schrägen Darstellung der 300 Pulse wird die Konizität der Ablation deutlich sichtbar. Die Form kommt durch das Aufsummieren der Gaußprofil-Randbereiche mehrerer Einzelablationen zustande. Ein Entgegenwirken dieses Effektes wird in Abschnitt 8.4 besprochen. Nach der doppelten Anzahl der Pulse ($n = 600$) wird im direkten Vergleich zum vorangehenden Simulationsschritt in der Aufsicht die Verkleinerung der Grundfläche erkennbar, die auf zwei Effekten beruht: Zum einen nimmt die Grundfläche durch die Konizität ab; zum anderen erzeugt die Entfernung zur Grundfläche einen perspektivisch verkleinernden Effekt.

Ab ungefähr 600 Pulsen wird die weiße Schicht mit steigender Pulsanzahl zunehmend sichtbar. Gleiches gilt für die rote Schicht ab ca. 660 Pulsen. Eine grenzflächenerhaltende Ablation müsste demnach zwischen 600 und 660 Pulsen gestoppt werden und spätestens zu diesem Zeitpunkt muss das Ablationsvolumen pro Puls reduziert werden. Dies wird im folgenden Unterabschnitt genauer dargestellt.

Als Wiederholung zur Darstellung in den Abschnitten 4.1 und 5.2 soll hier noch einmal erwähnt sein, dass die simulierten Grenzflächen nur eine begrenzte Rolle spielen, weil das Ablationsgebiet mit bildverarbeitungsunterstützter Kameraüberwachung beobachtet wird und somit der Prozess darüber gestoppt wird. Wichtig ist nur der möglichst glatte Abtrag, der in der Simulation aus oben genannten Gründen etwas verrauscht erscheint.

Die Abstimmung der Grenzflächenerkennung in der Simulation wäre nur relevant, wenn das Knochenvolumen aus einer Messmethodik bekannt wäre (beispielsweise Mikro-CT) und die membranöse Auskleidung, um beim Beispiel der Cochleostomie zu bleiben, ebenfalls darstellbar ist.

7.4 Gesamtsystem zur präzisen Umsetzung und bildbasierten Regelung einer Lasercochleostomie

Dieser Abschnitt enthält die Ergebnisse, die in Bezug auf das neuartige Gesamtsystem erzielt wurden. Die Durchführbarkeit der bildbasierten Regelung und präzisen Umsetzbarkeit von grenzflächenerhaltenden Eingriffen am humanen Felsenbeinpräperat sowie im Speziellen der Lasercochleostomie konnten erstmalig gezeigt werden. In den folgenden Abschnitten sind die Ergebnisse von Teilaspekten dargestellt, die für die präzise Umsetzung und bildbasierte Regelung einer Lasercochleostomie notwendig sind.

7.4.1 Präzise Positionierung und Registrierung

Eine wichtige Anforderung an ein mikrochirurgisch ablatierendes System ist, dass eine präzise Positionierung des Laserstrahls auf dem Knochen stattfindet. Damit direkt verbunden ist die Registrierung, also die Bestimmung der relativen Transformation zwischen den Koordinatensystemen (Patient bzw. Knochenpräparat und Lasersystem). Die entwickelte Vorgehensweise wurde in Abschnitt 4.3 vorgestellt. Nachfolgend werden die zugehörigen Ergebnisse dargelegt.

Zur Verifikation der Genauigkeit des verwendeten Lokalisationssystems (Messarm) wurde dessen Messspitze vom Hexapod definiert verfahren. Abbildung 7.6 zeigt den Verifikationsschritt grafisch. Als Ergebnis dieser Untersuchung wurde ein maximaler Fehler von 0.19 mm und ein durchschnittlicher Fehler von 0.09 mm mit einer Standardabweichung von ±0.06 mm ermittelt.

Des Weiteren wurde die Registrierung zwischen Messarm und Hexapodplattform vorgenommen (siehe Abschnitt 4.3.5). Zehn Vier-Punkt-Registrierungen wurden durchgeführt und deren Ergebnisse sind in Tabelle 7.2 aufgelistet. Der maximale Fehler dieser Registrierungen (FRE) betrug 0.12 mm; der durchschnittliche Fehler und die zugehörige Standardabweichung wurden mit (0.09 ± 0.02) mm ermittelt.

Für eine Fehleranalyse bzw. -korrektur ist der Registrierfehler eine entscheidende Größe; noch wichtiger ist in diesem Zusammenhang allerdings die Festlegung des korrekten Zielpunktes. Dieser wird durch das Antasten der Zielstruktur mit dem Messarm definiert und autonom durch Verfahren des Hexapods erreicht. Der endgültige Zielpunkt wird danach durch Positionieren des Hexapods unter visueller Kontrolle festgelegt (mikrometergenaue Telemanipulation).

Als Ergebnis dieses Teils der Arbeit entstand ein Verfahren zur mikrometergenauen Manipulation eines Präparats für die mikrochirurgische Laserknochenablation. Die beschriebenen Methoden zur präzisen Registrierung und Kalibrierung der beteiligten Komponeten stellen dafür die Grundlagen bereit.

Tabelle 7.2: Fehler der Vier-Punkt-Registrierung zwischen Hexapod und Messarm (FRE).

Messung N°	1	2	3	4	5	6	7	8	9	10
FRE [mm]	0.095	0.065	0.097	0.118	0.108	0.071	0.099	0.055	0.124	0.095

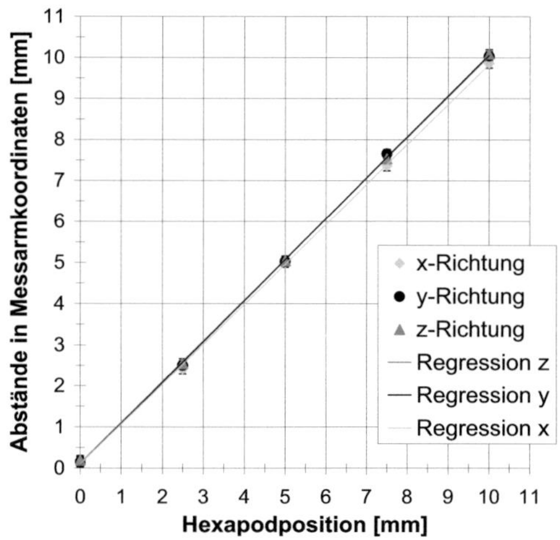

Abbildung 7.6: Verifikation der Genauigkeit des Messarms, der vom Hexapod entlang seiner Achsen in 2.5-mm-Schritten verfahren wurde. In dem Messbereich wurde ein maximaler Fehler von 0.19 mm festgestellt, welches der Größenordnung des vom Hersteller angegebenen Fehlers entspricht.

7.4.2 Umsetzung des geplanten Ablationsprozesses

Ein Teilaspekt der bildbasierten Regelung des System ist die präzise Umsetzung der geplanten Laserknochenablation. Die von der Umsetzung unabhängigen Ergebnisse der Bildverarbeitungsunterstützung wurden in Abschnitt 7.1 vorgestellt. Im Folgenden wird das Ergebnis der Umsetzung des Ablationsplans gezeigt.

In Abbildung 7.7 ist erneut anhand der ersten drei Ablationsebenen, der Vergleich zwischen der Planung und dem entstandenen Ablationsbereich, der mittels konfokaler Mikroskopie vermessen wurde, dargestellt. Der Durchmesser des Ablationsbereichs ist wie in den vorangehenden Beispielen 1.2 mm; die Tiefe ist farbcodiert in Mikrometern angegeben. Eine qualitative visuelle Überprüfung zeigt eine sehr gute Übereinstimmung von Planung (links) und Messung (rechts). Einige wenige Artefakte auf der vermessenen Knochenoberfläche lassen allerdings trotzdem erkennen, dass das Ablationsmuster besonders in seiner Tiefe von dem Plan abweichen kann.

Das zusammenfassende Ergebnis dieser Messungen ist, dass sich der mikrochirurgische Knochenablationsprozess lateral hervorragend von der Planung in ein appliziertes Muster transferieren lässt. Der Einfluss der Knochenoberfläche auf die Ablationstiefe jedes einzelnen Pulses zeigt aber den Bedarf einer Online-3D-Vermessungsmethode (vgl. Abschnitt 8.4).

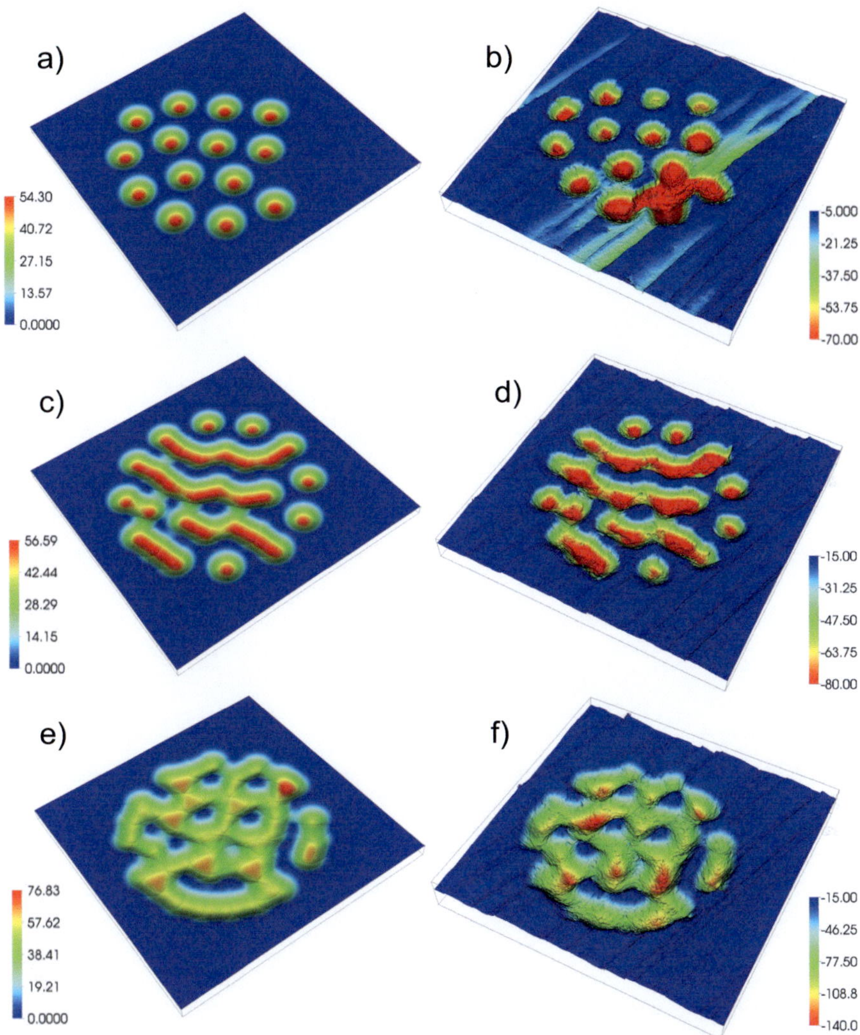

Abbildung 7.7: Qualitative Gegenüberstellung der ersten drei Ablationsebenen von der Planung einer Lasercochleostomie (links) und der konfokalen Vermessung an einem Knochenstück (rechts). Abbildungen a) und b) zeigen die erste Ablationsebene, c) und d) die kumulierten ersten zwei und e) und f) die kumulierten ersten drei Ablationsebenen.

8 Diskussion

In diesem Kapitel werden die Ergebnisse in Bezug auf die anfänglich aufgeworfenen Fragestellungen (vgl. Abschnitt 8.1) und bezüglich der Literatur (vgl. Abschnitt 8.2) diskutiert. Um in absehbarer Zukunft eine Lasercochleostomie und generell einen auf Laserablation basierenden mikrochirurgischen Knochenabtrag mit Grenzflächenerhaltung am Patienten in-vivo durchführen zu können, bedarf es einer Übertragung des Systems vom Laboraufbau in ein kliniktaugliches System, was in Abschnitt 8.3 vorgestellt wird. Ein Ausblick, wie dieses System und die verwendeten Messmethoden weiterentwickelt werden können, wird in Abschnitt 8.4 gegeben. Abschließend wird ein Resümee über diese Arbeit in Abschnitt 8.5 gezogen.

8.1 Analyse der erzielten Ergebnisse

Anhand der anfänglich beschriebenen Problemstellungen in Abschnitt 1.2 werden in diesem Abschnitt die erzielten Ergebnisse dieser Dissertation analysiert und diskutiert sowie die aufgestellten Fragen beantwortet.

- **Wie kann ein System zur bildverarbeitungsunterstützten Laserknochenablation realisiert werden?**

  Die Realisierung eines Systems für die bildverarbeitungsunterstützte Laserknochenablation wurde innerhalb der Arbeit vorgenommen und hinsichtlich verschiedener Aspekte analysiert. Der experimentelle Aufbau wurde detailliert in Kapitel 4 beschrieben. Entscheidende Punkte sind die genaue Registrierung und Kalibrierung der Teilkomponenten untereinander, eine parallele bzw. koaxiale Strahlführung von Ablationslaser und Videoüberwachung, die Beleuchtung, die schichtweise Anordnung der Einzellaserpulsablationen sowie passende Bildverarbeitungsroutinen.

- **Ist eine intraoperative Erkennung verschiedener Grenzflächen im Bereich des Innenohrs im humanen Felsenbein möglich?**

  Eine intraoperative Erkennung der Grenzflächen im Bereich des Innenohrs ist zum jetzigen Zeitpunkt zu einem gewissen Teil möglich. Eine Perforation bzw. der Perforationsbereich der membranösen Auskleidung der Cochlea ist automatisch detektierbar. Die automatische Erkennung des Endosts vor der Perforation konnte aus Mangel an Bildmaterial bisher nicht erfolgen. Das freigelegte Endost nach erster Perforation ist bildverarbeitungsunterstützt allerdings automatisch segmentierbar.

  Im Rahmen dieser Arbeit wurde zusätzlich eine semiautomatische Segmentierung der membranösen Auskleidung basierend auf dem CSC-Algorithmus erfolgreich realisiert. Die Membran hat sich dabei in den Ex-vivo-Präparaten als texturfrei erwiesen. Ein ergänzendes und weiterführendes Konzept wird in Abschnitt 8.4 erläutert.

- **Ist die Laserknochenablation mittels Videoüberwachung regelbar?**

  Eine bildbasierte Regelung der Laserknochenablation ist durchführbar. Der schichtweise Abtrag ermöglicht die Durchführung der Grenzflächenerkennung in jeder Ablationsebene. Wird keine Grenzfläche erkannt, erfolgt der Abtrag in der nächsten Ebene uneingeschränkt. Detektieren die Bildverarbeitungsalgorithmen der Videoüberwachung Teilbereiche im Ablationskanal als eine Grenzfläche, werden diese in der Zusammensetzung der nächsten Schicht aus Einzelpulsen ausgeschlossen. In Abschnitt 4.5.2 wurde der Regelkreis vorgestellt. Für eine bisher noch nicht mögliche, aber in Hinsicht auf die Tiefe vorausplanende Ablation wird ein weiterer Regelkreis in Abschnitt 8.4 beschrieben.

- **Wie kann ein mikrochirurgischer Knochenabtrag geplant und wie genau kann er umgesetzt werden?**

  Die Planung des mikrochirurgischen Knochenabtrags findet unterstützt durch eine Modellierung und Simulation von Einzellaserpulsablationen statt. Im Rahmen der Arbeit wurde erstmalig eine systematische dreidimensionale Vermessung dieser Ablationsbereiche durchgeführt und diese anhand von Abhängigkeiten wie Pulslänge oder Brennweite modelliert. Daraus resultiert die Einstellbarkeit der Ablationstiefe und des Ablationsdurchmessers. Im Rahmen einer Simulation kann dadurch ein festgelegtes Ablationsvolumen (bspw. für eine Cochleostomie) komplett entfernt werden. Die Genauigkeit der Umsetzung ist qualitativ in Abschnitt 7.4.2 gezeigt. Die Fehler(-grenzen) der Modellierung beim mikrochirurgischen Knochenabtrag sind in Abschnitt 7.2 dargestellt. Zukünftige Untersuchungen müssen zeigen, welche der in Abschnitt 6.3 aufgelisteten Parameter noch entscheidende Wirkung auf die Größe und Form des Ablationsvolumens eines Lasereinzelpulses haben.

- **Welche Benutzerinteraktionen des Chirurgen mit dem System sind (für einen sicheren Betrieb) nötig?**

  Prinzipiell ist nach der Zielpunktdefinition auf dem Promontorium keine Benutzerinteraktion nötig, vorausgesetzt die Grenzflächendetektion funktioniert automatisch innerhalb der bildbasierten Regelung. Wird wie beim vorgestellten System eine Kontrolle des erkannten Bereichs oder eine semiautomatische Segmentierung verwendet, befindet sich der Chirurg direkt in der Regelschleife. Aus Sicherheitsaspekten beim Umgang mit hochenergetischen Lasern muss der Chirurg die Strahlung zusätzlich vor jeder Applizierung freischalten.

Zusammenfassend kann festgestellt werden, dass die vorliegende Dissertation für die aufgeworfenen Fragestellungen Lösungen aufzeigt, wofür bisher in der Medizintechnik noch Forschungs- und Entwicklungsbedarf bestand. Die intraoperative Umsetzung der vorgestellten Methoden bedarf noch verschiedener Adaptionen und Weiterentwicklungen, die in Abschnitt 8.3 dargestellt werden. Zuvor werden im nachfolgenden Abschnitt in Bezug auf die bekannte Literatur die erzielten Ergebnisse diskutiert.

8.2 Gegenüberstellung von Literaturangaben mit den erzielten Ergebnissen

Aus der Literatur sind keine Veröffentlichungen[22] zu einer videobasierten, bildverarbeitungsunterstützten Laserknochenablation bekannt. Im letzten Abschnitt des Standes der Forschung (3.5) wurden bereits die Eigenschaften der wesentlichen Systeme aus der Literatur verglichen. Im Vergleich zu dieser Arbeit erfüllt keines der Systeme der verschiedenen Autoren ([Ngan07, Bret07, Stop08a, Sava06, Laba08, Jimé05]) alle nötigen Kriterien für eine minimaltraumatische Cochleostomie.

Zur Klasse der Lasersysteme gehören von den oben erwähnten nur zwei, wobei eines in der Augenchirurgie [Turn04, Jimé05] und eines in der Mund-Kiefer-Gesichtschirurgie [Stop08a] eingesetzt wurde. Vorteile von chirurgischen Lasersystemen allgemein sind, dass eine präzise und sterile Entfernung des Gewebematerials durch Verdampfung möglich ist. Bei navigiertem Einsatz des Lasers [Stop08b] ist die Präzision allerdings auf die des Navigationssystem begrenzt. Das innerhalb dieser Dissertation beschriebene Lasersystem ermöglicht als einziges die grenzflächenerhaltende mikrochirurgische Knochenablation.

Zusätzlich zu der Gegenüberstellung der Eigenschaften vollständiger Systeme wird hier die erstmalig durchgeführte Planung, Simulation und Modellierung der mikrochirurgischen Laserknochenablation diskutiert. Forrer et al. [Forr93] erkannten zwar, dass es einen linearen Zusammenhang zwischen der Tiefe und der Energiedichte kurzgepulster Laserknochenablation geben muss, konnten dies aber nicht an Einzellaserpulsen nachweisen. Ebenfalls gelang ihnen (im Gegensatz zur vorliegenden Dissertation) mit dieser Methodik nicht die Bestimmung der Ablationsschwelle.

Der Erkenntnisgewinn liegt somit in der Präzision der Vermessungsmethode begründet und bietet erstmalig die Möglichkeit, die Ablation der Einzellaserpulse derart zu modellieren, dass sie für eine spätere Planung und Simulation eingesetzt werden kann. Im Rahmen gewisser Grenzen ist das individuelle *Design* einer jeden einzelnen Lasereinzelpulsablation in seiner Tiefe und seinem Durchmesser möglich. Dies hebt die vorliegende Dissertation auch gegen aktuelle Arbeiten wie z.B. von Stopp et al. [Stop08c] ab. So wird in deren Simulation von einem Voxelmodell ausgegangen, welches durch kumulierte Einwirkung von simulierter Laserstrahlung abgetragen wird. Der Unterschied liegt auch hier in der Präzision, denn wird bei Stopp et al. in der Simulation immer ein Parallelepiped (mit typischer Voxelgröße aus dem CT) nach einer bestimmten Anzahl von Laserpulsen abgetragen, so wird in dieser Dissertation der Abtrag pro Puls exakt in seiner Form simuliert. Für die Planung des Knochenabtrags und die spätere Ausführung der Ablation unterscheidet sich die Präzision der Vorgehensweisen um ca. zwei Größenordnungen (hier: $10\,\mu$m vs. Stopp et al.: 1 mm).

[22]außer den eigenen: [Kahr07a, Kahr07b, Kahr08a, Kahr08b, Kahr09, Klen07a, Klen09, Lu07a, Lu07b]

8.3 Übertragbarkeit des Systems in den Operationssaal

Ein Ziel dieser Arbeit war die Entwicklung eines Systems, mit dem Untersuchungen zur bildverarbeitungsunterstützten Laserknochenablation am humanen Felsenbein möglich sind. Die Untersuchungen beschränkten sich bisher auf Ex-vivo-Proben. Dieser Abschnitt beschäftigt sich mit den Herausforderungen der Übertragung der experimentellen Methoden in den OP.

Bevor das System für die Lasercochleostomie im OP eingesetzt werden kann, müssen potentielle Schädigungen analysiert werden. Diese setzen sich aus einem thermischen und einem akustischen Risiko zusammen. Die Überprüfung einer potentiellen Schädigung des Innenohrs durch das Ablationsgeräusch könnte gemessen werden, wie es auch schon für konventionelle Bohrer durchgeführt wurde [Pau07a]. Potentielle thermische Schädigungen wurden von Ivanenko et al. [Ivan05c] bei der verwendeten kurzgepulsten CO_2-Laserknochenablation als minimal angesehen. Derartige Experimente sollten aber vor dem klinischen Einsatz noch einmal an humanen Felsenbeinpräparaten während Laserbohrungen wiederholt sowie theoretisch wie beim Bohren modelliert werden [Davi03]. Eine Untersuchung des postoperativen Knochenwachstums am Promontorium nach erfolgter Laserknochenablation sollte ebenfalls erfolgen.

8.3.1 Benötigte Hardwaremodifikationen

Es lassen sich drei Szenarien für die Modifikation der Hardware finden, sodass ein Transfer des Aufbaus in den OP realisiert werden kann. Wie bereits beschrieben, ist eine wichtige Voraussetzung bei der Umsetzung der Laserknochenablation, dass der Laser den korrekten Abstand zum Patienten hat. Die Positionierung des Laserstrahlscanners sollte demnach mit Methoden der Navigation und Robotik geschehen; wobei die Robotik den Vorteil der präzisen, aktiven Positionierung hat. Im Folgenden werden die Szenarien, geordnet nach der Menge der nötigen Veränderungen, vorgestellt:

- **Verwendung einer Parallelkinematik**
  Die starre Strahlführung, die den Laser und den Strahlscanner verbindet und momentan eine Länge von 25 mm besitzt, müsste um den Faktor 10 bis 20 verlängert werden. Dies erlaubt die beliebige Positionierung des Strahlscanners über dem Patienten, ohne dass der Laser an den OP-Tisch oder Patienten stößt. Der Hexapod, der bisher den Knochen positioniert hat, wird zwischen dem Laser und einem fahrbaren Untergestell eingebaut. Der am Laser befestigte Strahlscanner kann über den Patienten geschoben und anschließend mit dem Hexapod präzise positioniert werden. Auch mit der verlängerten Strahlführung bleibt das System sehr präzise: Die translatorische Genauigkeit bleibt erhalten und die rotatorische Genauigkeit der Hexapodpositionierung ist in 1 m Entfernung bei $\pm 10\,\mu m$. Der sehr kleine Arbeitsbereich der Hexapodkinematik wird für den hier beschriebenen Einsatz als ausreichend erachtet.
- **Verwendung einer seriellen Kinematik**
  Parallel zu dieser Forschungsarbeit wurde ein neuer OP-tauglicher Prototyp zum Laserknochenschneiden im Rahmen einer Kooperation zwischen dem Forschungszentrum caesar und der Fachhochschule RheinAhrCampus Remagen erstellt. Dieser Laser steht seit kurzem auch am IPR zur Verfügung. Er ist mobiler als die älteren Prototypen und lässt

sich somit leichter in den OP integrieren [Klas08]. Für den Strahltransport zum Strahlscanner wird bei hochenergetischen bzw. kurzgepulsten CO_2-Lasern ein Spiegelgelenkarm benötigt. Burgner et al. beschreiben die benötigten Komponenten und den Aufbau für das roboterassistierte Laserknochenschneiden mittels einer seriellen Kinematik [Burg10]. Der Arbeitsbereich ist wesentlich größer als bei dem vorangehenden Szenario mit dem Hexapod, erfordert allerdings auch die Optimierung von mehr Komponenten, vor allem des Spiegelgelenkarms. Das Szenario für die bildverarbeitungsunterstützte Lasercochleostomie wurde bereits in Abschnitt 4.4.2 diskutiert.

- **Integration in ein OP-Mikroskop**
  Bei der Integration des Aufbaus für die bildverarbeitungsunterstützte Laserknochenablation in ein OP-Mikroskop bleibt der Operationssaal nahezu unverändert. Wird mit einem Deckenstativ gearbeitet, kann der Laser dort ebenfalls untergebracht werden, somit nehmen keine zusätzlichen Geräte zusätzliche Stellfläche im OP ein. Eine Kamera kann standardmäßig an ein OP-Mikroskop adaptiert werden und in diesem Zusammenhang ist auch die Problematik der ausreichenden Beleuchtung bereits gelöst (vgl. Abschnitt 4.4.4). Wichtig ist die Adaption einer hochauflösenden Kamera bzw. die Möglichkeit, den Ablationsbereich in vergrößerter Ansicht betrachten zu können. Der Laser wird prinzipiell wie bei dem Aufbau in Abschnitt 4.4.3 mit dem Strahlengang des Mikroskops vereinigt. In Abbildung 8.1 ist dieser Aufbau dargestellt. Es ergeben sich allerdings vielfältige zusätzlich benötigte Aufbauadaptionen wie beispielsweise die Positionierung, die durch Methoden der Navigation oder Robotik gelöst werden könnte [Kami99b] oder aber auch der unterschiedliche Fokusabstand von Laser und Mikroskop [Kram84]. Ebenfalls sollten Schwingungen am OP-Mikroskop vermieden werden, wie sie durch den Kontakt der Augen mit den Okularen entstehen können [Ewal04]. Eventuell könnte eine finale Realisierung deshalb zu einem (Laser-) Telemanipulationssystem führen, wie es diese bereits in der endoskopischen minimalinvasiven Chirurgie gibt [Guth00, Sola07].

8.3.2 Adaption von Bildverarbeitungsalgorithmen

Das Endost kann bei manuell gefrästen Cochleostomien optisch gut sichtbar gemacht werden (vgl. Abbildung 1.1). Hierbei taucht während der langsamen und immer wieder zur optischen Kontrolle unterbrochenen Knochenentfernung ein hellerer Fleck auf. Solch eine geringe Farb- bzw. Helligkeitsveränderung, wie sich beispielsweise auch in Abbildung 8.2 zeigt, wäre detektierbar.

Um eine automatische optische Membrandetektion im OP während der Laserablation etablieren zu können, müssen zunächst Bilder mit markanten Merkmalen vorliegen, an denen die Parameter der Algorithmen optimiert werden. Weil bisher sowohl bei den Ex-vivo-Lasercochleostomien vor der ersten Perforation der Membran keine Merkmale gefunden werden konnten, als auch bisher keine In-vivo-Lasercochleostomie durchgeführt wurde, ist es schwierig vorherzusagen, wie und ob eine Optimierung der Algorithmen möglich ist. Eine semiautomatische Segmentierung mit dem CSC-Algorithmus wird aber auf jeden Fall möglich sein.

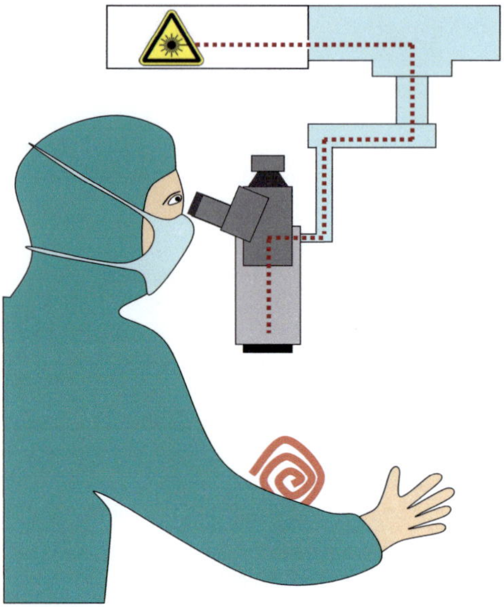

Abbildung 8.1: Integration des Setups (Laser und Kamera) in ein OP-Mikroskop.

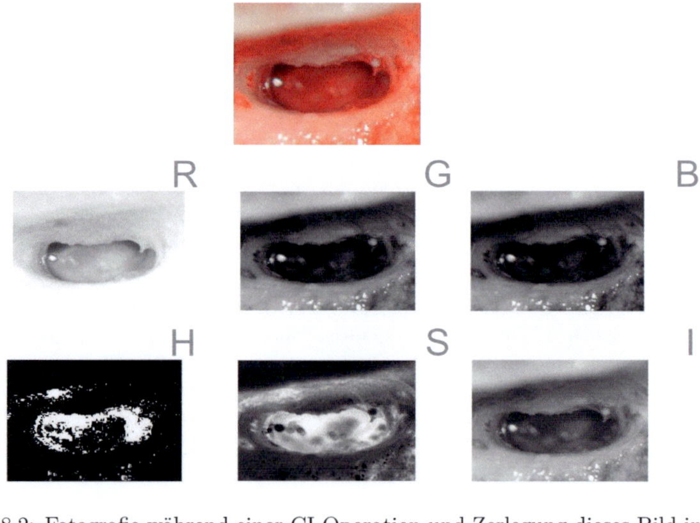

Abbildung 8.2: Fotografie während einer CI-Operation und Zerlegung dieses Bild in die einzelnen Kanäle des RGB- und HSI-Farbraumes (vgl. auch [Lu07b]).

8.4 Ausblick und weiterer Forschungsbedarf

Neben der zuvor diskutierten Überführung der Methoden in den OP lässt sich weiterer Forschungsbedarf für die bildverarbeitungsunterstützte Laserknochenablation, der über den Umfang dieser Dissertation hinausgeht, postulieren. Bereits mehrfach erwähnt wurde diesbezüglich der Austausch der bildgebenden Überwachungsmodalität. Der Wechsel von den Mikroskopaufnahmen zur optischen Kohärenztomographie (OCT) sollte erhebliche Vorteile bieten. In Abbildung 8.3 ist die OCT-Kontrolle schematisch dargestellt, die durch die Einkopplung des OCT-Laser-Messstrahls in den Strahlscanner des ablatierenden Lasers zu einer 3D-Online-Überwachungsmethode wird. Ein großer Vorteil ist nicht nur die Möglichkeit einer Vorausplanung der noch zu applizierenden Laserpulse und die Quantifizierung der Restknochendicke, sondern auch die Sichtbarkeit der Skalen innerhalb der Cochlea, welche von Pau et al. [Pau07b] dargestellt wurden. Diese Strukturen lassen sich durch Bildverarbeitungsunterstützung segmen-

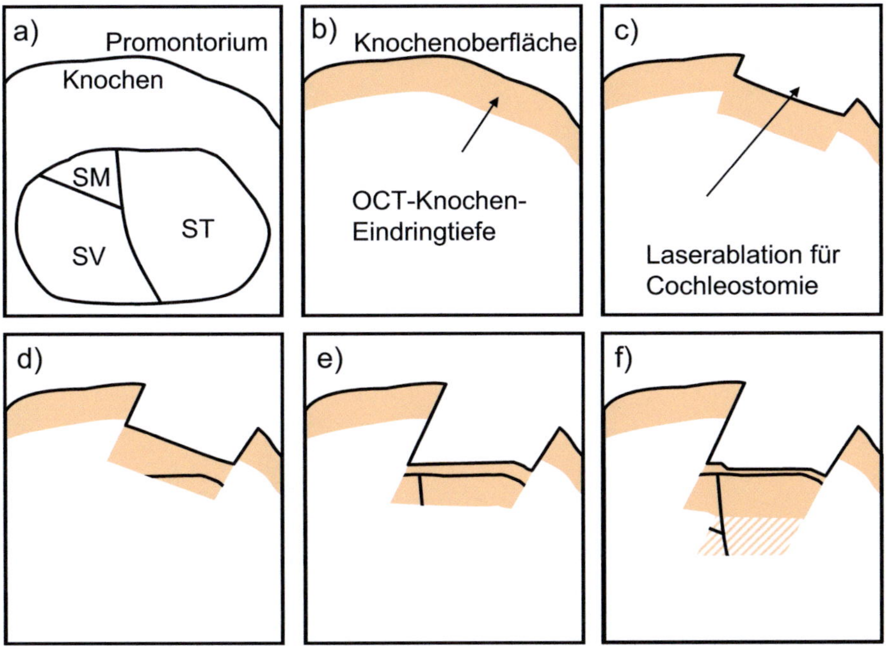

Abbildung 8.3: Überwachungsmöglichkeit einer Lasercochleostomie mittels optischer Kohärenztomographie: a) Anatomie in der basalen Windung der Cochlea mit der Scala media (SM), der Scala vestibuli (SV) und der Scala tympani (ST), b) zeigt den Bereich der Eindringtiefe, der sich bei fortschreitender Laserknochenablation in c) verschiebt, d)-f) weitere Knochenentfernung lässt nach und nach die Anatomie der basalen Windung der Cochlea erkennen.

tieren und klassifizieren und bieten damit die Möglichkeit diese Informationen als Messglied in einem Regelkreis zu verwenden (siehe Abbildung 8.4). Aus der Literatur sind verwandte Arbeiten bekannt ([Bopp99, Rogo03, Ohmi04, Ugry04, Kang06, Yun06]), ermöglichen aber jeweils nur Teile des hier vorgestellten Konzeptes.

Weiterer Forschungsbedarf im Rahmen der Fortsetzung der durchgeführten Arbeiten innerhalb dieser Dissertation besteht u.a. bei:

- Messung weiterer potentieller Abhängigkeiten aus Abschnitt 6.3 zur besseren Modellierung der Laserknochenablation auf Basis von Einzelpulsen,
- Entgegenwirken der Konizität des Laserbohrloches durch Einsatz von Robotern, ähnlich dem Vorgehen von Mitra [Mitr02], der durch Schrägstellen der Probe nicht-konische Abtragsformen herstellte,
- Verwendung von CO_2-Faserleitern zum Strahltransport wie in [Wang06],
- Verwendung von anderen Lasersystemen, die kleinere Ablationsvolumina mit geringerem lateralen Durchmesser bei höherer Repitionsrate besitzen,
- Erweiterung der Algorithmen um eine hochpräzise Bewegungskompensation, sodass auch kleine Bewegungen (Erschütterungen, Pulsschlag, etc.) des Patentien relativ zum Laser ausgeglichen werden können,
- Erstellen einer intraoperativen Ablationsplanung sowie
- Online-Kalibrierung der Laserablation und automatische Adaption der Laserparameter an das jeweilige Gewebematerial.

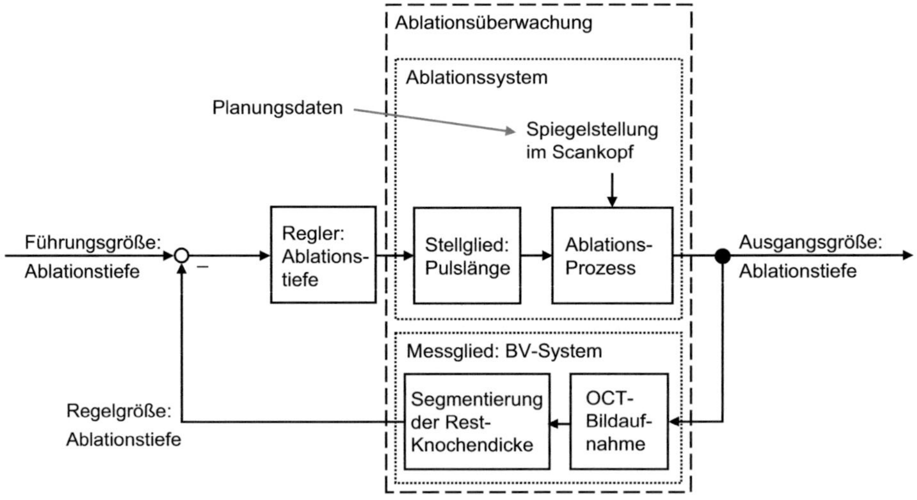

Abbildung 8.4: Ablationstiefenregelung mit dem Messglied OCT.

8.5 Zusammenfassung

In dieser Dissertation werden die benötigten Methoden für eine bildverarbeitungsunterstützte Laserknochenablation am humanen Felsenbein aufgezeigt. Im Vordergrund der Arbeit stand die Realisierung eines Systems, welches für grenzflächenerhaltende Interventionen am Innenohr verwendet werden kann. Damit einhergehend wurde eine bildbasierte Regelung des Knochenablationsprozesses während der Cochleostomie entwickelt. Für diese Regelung wird als Führungsgröße der schichtweise Abtrag definiert und in jeder Ablationsebene eine Verteilung von Einzellaserpulsen vorgenommen. Weiterhin erfolgte die Planung, Simulation und Modellierung von Einzellaserpulsablationen. Die Verifikation des Gesamtsystems fand an Ex-vivo-Cochleapräparaten statt. Für den grenzflächensensitiven Knochenabtrag wird eine semiautomatischen Segmentierung der membranösen Auskleidung der Cochlea eingesetzt.

Erstmalig konnte im Rahmen dieser Dissertation gezeigt werden, dass ein definierter mikrochirurgischer Knochenabtrag mittels Laser bildverarbeitungsunterstützt durchführbar ist. Die dabei erzielbare Präzision wurde durch bestehende Systeme zuvor nicht erreicht. Dem Chirurgen steht somit eine neue medizintechnische Methode zur Verfügung, die es zukünftig ermöglicht, den Patienten minimal-traumatisch und mit reproduzierbarer Güte zu operieren.

Erstmalig fand eine systematische dreidimensionale Vermessung der in Knochen applizierten Einzellaserpulsablationen statt. Durch die Untersuchung von Form und Volumen des entfernten Knochens ließen sich verschiedene Abhängigkeiten modellieren, die in dieser Präzision vorher nicht bekannt waren. Beispielsweise lässt sich durch Einstellen der Pulslänge die resultierende Tiefe der Ablation mikrometergenau errechnen. Aus dem erstellten Modell konnte zudem direkt die Ablationsschwelle der CO_2-Laserknochenablation experimentell abgeleitet werden, die zuvor immer aus anderen Größen hergeleitet werden musste. Das Modell für die Einzellaserpulsablationen wurde anschließend für die Planung und Simulation der laserbasierten Knochenentfernung eingesetzt und mit dem qualitativ identischen Ergebnis verifiziert.

Für die intraoperative Umsetzung der vorgestellten experimentellen Methoden wurden zusätzlich weitere Konzepte erstellt, die die Integrierbarkeit des Systems dieser Arbeit in den OP beschleunigen werden. Somit wird ein intraoperativer Einsatz der Laserknochenablation für die Endost-erhaltende Cochleostomie in absehbarer Zukunft realisierbar.

Anhang A

Konzept zur hochpräzisen Registrierung durch Verwendung von Punkt- und Richtungsinformationen

Die Bestimmung der korrekten Registriertransformation zwischen dem Koordinatensystem im Operationssaal (bspw. des Lokalisationssystems) und des Tomographiedatensatzes spielt eine entscheidende Rolle in der navigierten und roboterassistierten Chirurgie. Die Verwendung von künstlichen Landmarken (engl. Fiducials) bei der Registrierung ist der momentane Goldstandard [Maur97, Main98, West00]. Die bisherigen Ansätze der (image-to-physical) Registrierung beruhen auf der Segmentierung ausgewählter punktförmiger Strukturen in den Tomographiedaten sowie dem intraoperativen Antasten der Landmarken. In chirurgischen Eingriffen am Knochen werden als Fiducials meistens Titanminischrauben verwendet. Das im Folgenden vorgestellte Konzept soll zusätzlich zur konventionell verwendeten Punktepaar-Registrierung die Berücksichtigung der Lage (Pose, Richtung) der Schraubenachsen im Datensatz ermöglichen. Diese zusätzlichen Informationen sollen zu einer Verbesserung der Registriergenauigkeit führen.

In Abbildung A.1 ist der Unterschied zwischen den konventionell verwendeten Punktinformationen und dem Konzept des Einbeziehens der Richtungsinformationen dargestellt. Beim aktuellen Stand der Technik wird ein klar identifizierbarer Punkt in den Tomographiedaten festgelegt und dieser ebenfalls am Schraubenkopf angetastet. Diese Prozedur wird an allen verfügbaren Schraubenköpfen durchgeführt. Die hier vorgeschlagene Registrierung unter zusätzlicher Berücksichtigung der Richtung, wie in Abbildung A.1c) dargestellt, ermöglicht die Verwendung bisher ungenutzter Informationen. Nach einer Veröffentlichung von Olsson et al. [Olss06] lassen sich mit einer Registrierung bestehend aus Linien im Vergleich zu Punkten oder Flächen die besten Ergebnisse erzielen.

Zusätzlich ergibt sich die Möglichkeit nach einer Vorregistrierung (bspw. über den Weichteilmantel des Gesichts, vgl. [Hopp04, Marm05]) die Markerschrauben wie Pedikelschrauben [Kami99a] navigiert zu setzen. Dies hat den Vorteil, dass eine Zielstruktur definiert werden kann und sich die Genauigkeit der Registrierung an dem Zielpunkt nach den Annahmen dieses Konzepts erhöht. Eine Quantifizierung des TRE (vgl. [Fitz98, Fitz01]) sieht momentan nur sehr begrenzt die Berücksichtigung einer Richtung vor [Liu03].

In Abbildung A.2 ist die Ausrichtung der Schraubmarker am Beispiel einer navigationsunterstützten OP im Felsenbein gezeigt. Für die Festlegung des Startpunkts der Cochleostomie werden in der Schädeldecke die Titanminischrauben mit Ausrichtung auf das Promontorium implantiert und anschließend das präoperative CT aufgenommen. Während der eigentlichen OP werden die Marker mit einer Messspitze angetastet.

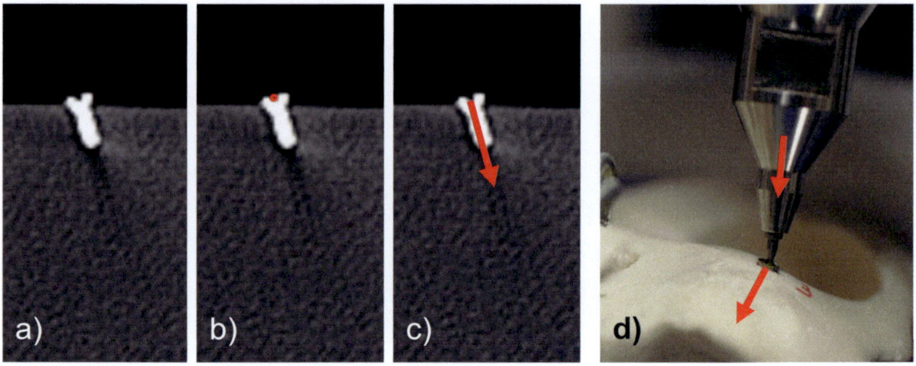

Abbildung A.1: Implantierte Titanminischraube in CT-Bilddaten und im Plastikschädel. Die ersten drei Bilder zeigen eine CT-Schicht mit b) der Punktauswahl für die Registrierung und c) der zusätzlichen Richtungsauswahl. In d) ist das konventionelle Antasten einer Schraube gezeigt, bei dem die Richtungsinformation von Schraubachse und Messspitze der Navigation verloren geht.

Für die gleichzeitige Messung von Position und Richtung müssen Messspitze und Markerschraube aufeinander abgestimmt werden. In Abbildung A.3 ist beispielhaft eine Lösung für die Adaption und Konstruktion einer Messspitze auf existierende Markerschrauben dargestellt. Hierbei handelt es sich um Markerschrauben, die ein Außengewinde und eine definierte Aushöhlung für das Einführen einer konventionellen Messspitze (Dorn) haben. Die neuartige Messspitze, die für das Konzept der richtungsbasierten Registrierung entwickelt wurde, verfügt über eine zylindrische Form, die genau auf bzw. über das Außengewinde passt. Dies ermöglicht das Übertragen der Richtung der Schraubenachse auf die Richtung der Messspitze des Lokalisationssystems. Gleichzeitig bleibt der Dorn in der Messspitze für das Antasten des definierten Registrierpunktes erhalten.

Zur Erleichterung der Richtungsbestimmung der Markerschrauben in den Tomographiedaten ist eine automatische Suche prädestiniert. Das Auffinden von Markern in Bilddaten ist bekannt [Wang96, Koza03], die Erweiterung auf die Richtung kann wie folgt geschehen:

1. Bestimmung des Schwellwertes für die Segmentierung der Schrauben
2. Erstellung von repräsentativen Oberflächenpolygonen
3. Ermittlung des Schwerpunktes der Schrauben
4. Grobe Bestimmung der Achsenlage über den Schwerpunkt und eines weiteren Punktes, welcher durch die Summation alle Polygone, die nicht innerhalb eines bestimmten Radius liegen, berechnet wird
5. Genaue Bestimmung der Achsenlage durch Iteration und Abstandsberechnungen von allen umgebenen Polygonen innerhalb einer diskreten Breite entlang der Achse

Diese Prozedur kann ebenfalls als ein Matching der CT-Daten mit dem CAD-Schraubenmodell verstanden werden. Durch die Identifikation von Schwerpunkt und Achse bzw. durch die Defini-

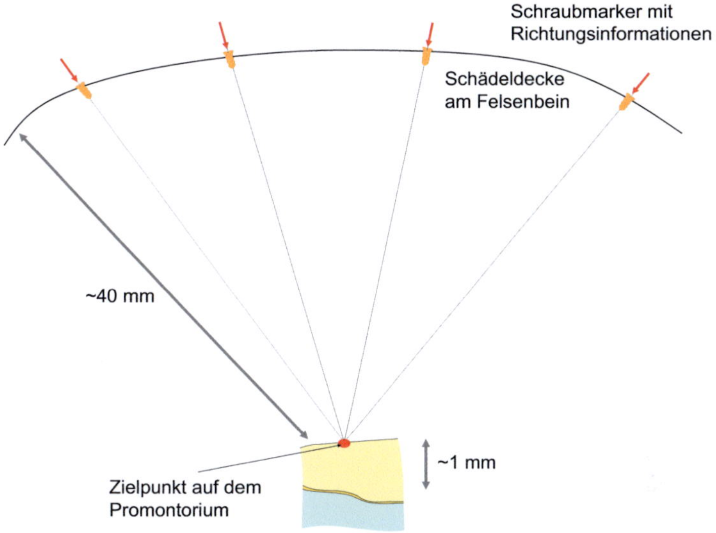

Abbildung A.2: Ausrichtung implantierter Markerschrauben auf einen Zielpunkt (hier: Startpunkt des Cochleostomiekanals auf dem Promontorium). Durch das Schneiden der - durch die Richtungsinformationen aufgespannten - Geraden soll die Registriergenauigkeit für den Zielpunkt verbessert werden.

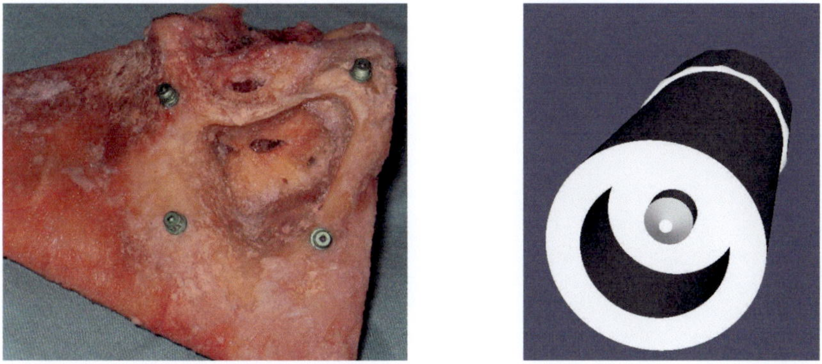

Abbildung A.3: Abstimmung von existierenden Markerschrauben und einer Messspitze zum intraoperativen Antasten der Markerschrauben. Links: Implantierte Markerschrauben in einem Felsenbeinpräparat. Rechts: CAD-Modell einer Messspitze für die links abgebildeten Markerschrauben.

tion aller Oberflächenpolygone liegen redundante Informationen für die Zuordnung von Modell und Daten vor. Hieraus kann automatisch in den CT-Daten die Registrierrichtung und der -punkt bestimmt werden.

Wichtig für dieses Konzept ist eine hohe Genauigkeit des Lokalisationssystems sowohl bezüglich der Punkt- als auch der Richtungsinformationen. Besondere Eignung wird diesem Konzept bei einem Zielpunkt vorausgesagt, der sich innerhalb des Knochens befindet, bei dem aber nur äußerlich Registriermarker angebracht werden können. Der Schädelknochen erscheint in diesem Zusammenhang am besten geeignet zu sein.

Anhang B

Zusammenstellung der konfokalen Messungen

Dieser Anhang enthält die erhobenen Daten während der konfokalen Messungen. In Tabelle B.1 ist eine Auflistung der vermessenen Volumina zusammengestellt. Die 15 Laserpulsablationen sind in fünf Serien eingeteilt, bei denen jeweils unterschiedliche Parameter variiert wurden. In Serie 1 und 2 fand bei unterschiedlichen Brennweiten eine Variation der Pulslänge statt (vgl. Abschnitt 6.3.3). Serie 3 beschreibt den Einfluss von zwei aufeinanderfolgenden Laserablationen an derselben Position. Serie 4 zeigt die Streubreite innerhalb gleicher Pulsparameter bei Variation der Probenposition bzw. der Strahlscannerspiegelstellungen. Die Serie 5 zeigt unterschiedliche Abstände zwischen Knochenposition und Laserfokuspunkt.

Tabelle B.1: Zusammenfassung der applizierten Pulse und deren Eigenschaften.

Puls	Pulsdauer	Off-Fokus	Brennweite d. Linse	Serie 1	2	3	4	5	Bemerkung
N°1	50 μs	0 cm	100 mm	x		x			
N°2	2x 50 μs	0 cm	100 mm			x			
N°3	30 μs	0 cm	100 mm	x					
N°4	20 μs	0 cm	100 mm	x					
N°5	100 μs	0 cm	100 mm	x					
N°6	50 μs	0 cm	75 mm		x	x			
N°7	2x 50 μs	0 cm	75 mm			x			
N°8	30 μs	0 cm	75 mm		x		x		(x,y)-Pos1
N°9	20 μs	0 cm	75 mm		x				
N°10	30 μs	0 cm	75 mm				x		(x,y)-Pos2
N°11	30 μs	0 cm	75 mm				x	x	(x,y)-Pos3
N°12	30 μs	+2 cm	75 mm					x	
N°13	30 μs	+4 cm	75 mm					x	nicht sichtbar
N°14	30 μs	+3 cm	75 mm					x	
N°15	30 μs	−2 cm	75 mm					x	

In Abbildung B.1 sind die Messungen der Serie 4 dargestellt. Die Abbildung B.2 zeigt sechs der sieben Messungen und Gaußfits der Serie 1 und 2. Die fehlende Messung mit der Pulslänge 30 μs bei 100 mm Brennweite wurde bereits in Abbildung 6.18 dargestellt.

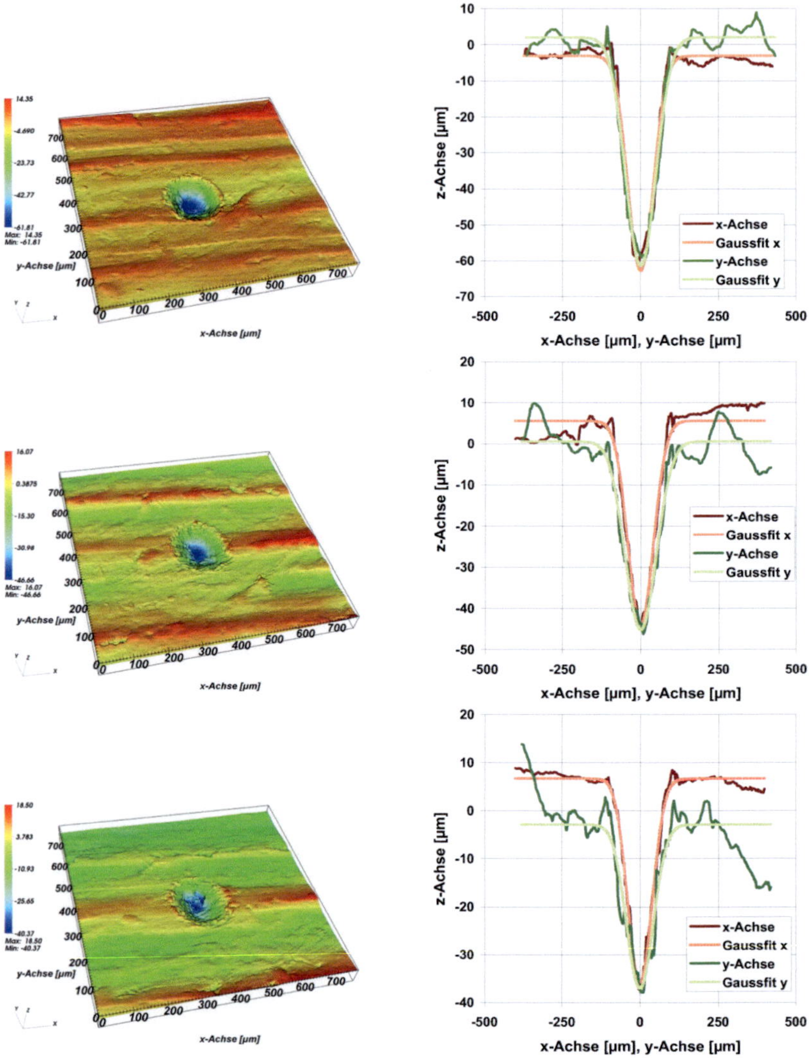

Abbildung B.1: Originaldaten zu Puls N°8, N°10 und N°11, sowohl in 3D-Darstellung als auch als Messreihen entlang der x- und y-Achsen mit Gaußfittings. Alle drei Pulse wurden bei einer Pulslänge von 30 μs appliziert.

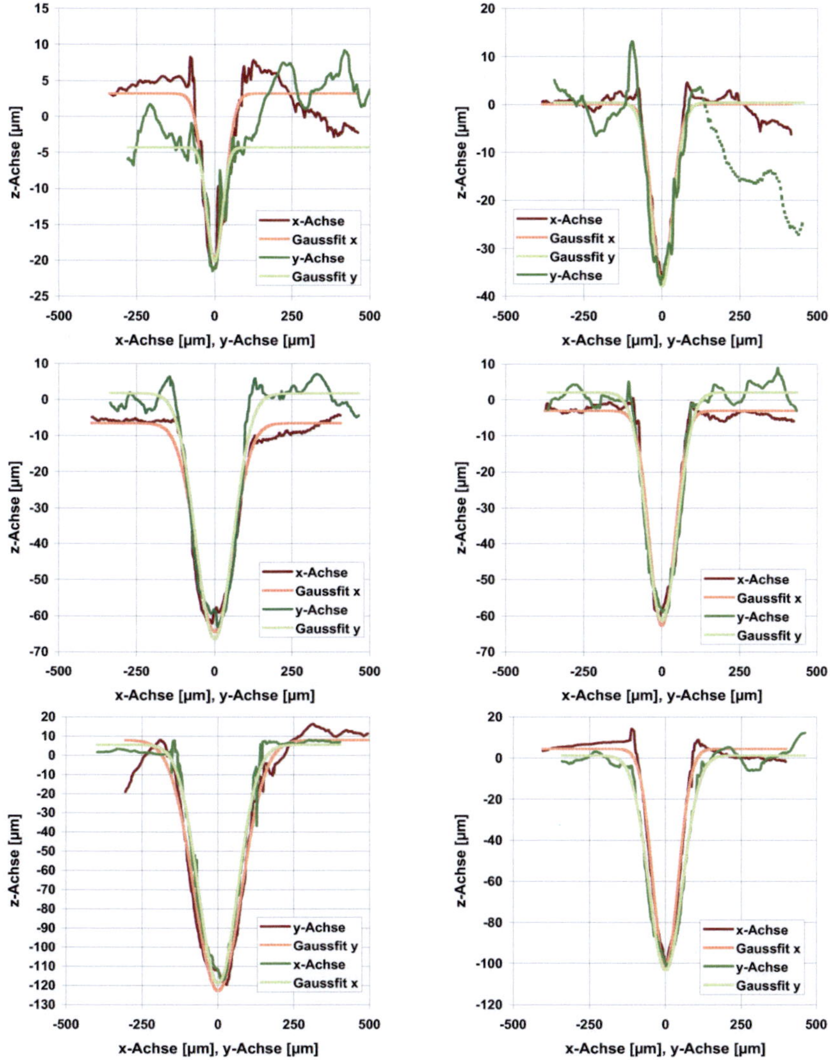

Abbildung B.2: Die Graphen auf der linken Seite gehören zu der Brennweite $F = 100\,\text{mm}$ und auf der rechten Seite zu $F = 75\,\text{mm}$. Die applizierte Leistungsdichte nimmt von oben nach unten zu.

Literaturverzeichnis

[Acke03] M. J. Ackerman und T. S. Yoo. “The Visible Human data sets (VHD) and Insight Toolkit (ITK): experiments in open source software.”. In: *Proc. AMIA Annual Symposium*, p. 773, 2003.

[Acke95] M. J. Ackerman, V. M. Spitzer, A. L. Scherzinger, und D. G. Whitlock. “The Visible Human data set: an image resource for anatomical visualization.”. *Medinfo*, Vol. 8(2), pp. 1195–1198, 1995.

[Adel01] E. H. Adelson. “On seeing stuff: the perception of materials by humans and machines”. In: *Proc. SPIE Vol. 4299, Human Vision and Electronic Imaging VI*, pp. 1–12, 2001.

[Adun04] O. Adunka, J. Kiefer, M. H. Unkelbach, T. Lehnert, und W. Gstoettner. “Development and evaluation of an improved cochlear implant electrode design for electric acoustic stimulation.”. *Laryngoscope*, Vol. 114(7), pp. 1237–1241, 2004.

[Afil04] S. Afilal. *Ablationsmechanismen von bioligischem Hartgewebe bei Bestrahlung mit kurzgepulsten CO_2-Lasern.* Dissertation, Heinrich-Heine-Universität Düsseldorf, 2004.

[AlSu08] F. Al-Sulaiman, B. S. Yilbas, F. C. Karakas, M. Ahsan, und E. M. A. Mokheimer. “Laser hole cutting in Kevlar: modeling and quality assessment”. *The International Journal of Advanced Manufacturing Technology*, Vol. 38(11-12), pp. 1125–1136, 2008.

[Andr82] A. H. Andrews und T. G. Polanyi. *Microscopic and Endoscopic Surgery with the CO_2 Laser.* John Wright, 1982.

[Aoki03] E. Aoki, E. Kobayashi, H. Inada, S. Omori, T. Maruyama, H. Iseki, Y. Muragaki, K. Takakura, und I. Sakuma. “Development of an Automatic Focusing System for a Precise Laser Ablation System in Neurosurgery”. *International Congress Series*, Vol. 1256, pp. 512–521, 2003.

[Arca04] B. Arcand, P. Bhatti, N. Butala, J. Wang, C. Friedrich, und K. Wise. “Active positioning device for a perimodiolar cochlear electrode array”. *Microsystem Technologies*, Vol. 10, pp. 478–483, 2004.

[Arge08] Arges Gesellschaft für Industrieplanung und Lasertechnik mbH. “Datenblätter”. online: http://www.arges.de, Stand: 2008.

[Asto07] Aston University Birmingham. “The world’s first truly robotic micro-drill has been used in a surgical operation in Birmingham, UK.”. Pressemitteilung, 2007.

[Aubr05] J. P. Aubry. *Regelung eines elektronischen Schädel-Trepans.* Diplomarbeit, Universität Karlsruhe (TH), 2005.

[Banf77] P. Banfai. “Zugangswege fuer das “Cochlear Implant” ”. *European Archives of Oto-Rhino-Laryngology*, Vol. 216(2), p. 600, 1977.

[Baue07] N. Bauer. *Handbuch zur industriellen Bildverarbeitung*. Fraunhofer IRB, 2007.

[Bäue04] D. Bäuerle, H. Bergmann, F. Dausinger, K. Dörschel, A. Gebhardt, M. Geiger, M. Grupp, H. Haferkamp, C. Hertzler, H. Hügel, O. Minet, M. Möhrle, G. Müller, W. O'Neill, W. Schulz, G. Sepold, H. Tiziani, M. Totzeck, M. Ulbricht, H. Venghaus, F. Vollertsen, H. Welling, und W. Wiesemann. *Landolt-Börnstein: Numerical Data and Functional Relationships in Science and Technology - New Series; Group 8: Advanced Materials and Technologies: Laser Physics and Applications*. Vol. 1, Subvolume C, Springer, 2004.

[Bier06] K. R. Biernath, J. Reefhuis, C. G. Whitney, E. A. Mann, P. Costa, J. Eichwald, und C. Boyle. “Bacterial Meningitis Among Children With Cochlear Implants Beyond 24 Months After Implantation”. *Pediatrics*, Vol. 117(2), pp. 284–289, 2006.

[Birg08] E. G. Birgin und F. N. C. Sobral. “Minimizing the object dimensions in circle and sphere packing problems”. *Computers and Operations Research*, Vol. 35(7), pp. 2357–2375, 2008.

[Blum95] S. S. Blume. “Cochlear Implantation: Establishing Clinical Feasibility, 1957-1982”. In: *Sources of Medical Technology: Universities and Industry*, pp. 97–124, National Academy Press, 1995.

[Boot04] H. Booth. “Recent applications of pulsed lasers in advanced materials processing”. *Thin Solid Films*, Vol. 453-454, pp. 450–457, 2004.

[Bopp99] S. A. Boppart, J. Herrmann, C. Pitris, D. L. Stamper, M. E. Brezinski, und J. G. Fujimoto. “High-Resolution Optical Coherence Tomography-Guided Laser Ablation of Surgical Tissue”. *Journal of Surgical Research*, Vol. 82(2), pp. 275–284, 1999.

[Brad08] G. Bradski und A. Kaehler. *Learning OpenCV*. O'Reilly, 2008.

[Brei99] D. Breitling, H. Schittenhelm, P. Berger, F. Dausinger, und H. Huegel. “Shadowgraphic and interferometric investigations on Nd:YAG laser-induced vapor/plasma plumes for different processing wavelenghts”. *Applied Physics A*, Vol. A69, pp. 505–508, 1999.

[Bret07] P. N. Brett, R. P. Taylor, D. Proops, C. Coulson, A. Reid, und M. V. Griffiths. “A surgical robot for cochleostomy”. *Proc. IEEE Engineering in Medicine and Biology Society*, pp. 1229–1232, 2007.

[Bret95] P. N. Brett, D. A. Baker, L. Reyes, und J. Blanshard. “An automatic technique for micro-drilling a stapedotomy in the flexible stapes footplate”. *Proc. Institution of Mechanical Engineers [H]*, Vol. 209, pp. 255–262, 1995.

[Bull03] V. Bullman. “Automated three-dimensional analysis of particle measurements using an optical profilometer and image analysis software.”. *Journal of Microscopy*, Vol. 211(1), pp. 95–100, 2003.

[Burg10] J. Burgner. *Robot assisted laser osteotomy*. Dissertation, Universität Karlsruhe (TH), 2010.

[Chai08] P. Chaikin. "Packing of Spheres and Ellipsoids". online: http://www.physics.nyu.edu/˜pc86/packing.html, Stand: 2008.

[Chan01] S. D. Chang und J. R. Adler. "Robotics and radiosurgery–the cyberknife.". *Stereotactic and Functional Neurosurgery*, Vol. 76(3-4), pp. 204–208, 2001.

[Cork93] P. Corke. "Experiments in High-Performance Robotic Visual Servoing". In: *Lecture Notes in Control and Information Sciences, Vol. 200*, pp. 193–205, Springer, 1993.

[Coul06] C. Coulson, R. Taylor, M. Griffiths, D. Proops, und P. Brett. "An autonomous surgical robot for drilling a cochleostomy-porcine trial". *Clinical Otolaryngology*, Vol. 31(6), p. 580, 2006.

[Coul07] C. J. Coulson, A. Reid, D. Proops, und P. Brett. "ENT challenges at the small scale". *The International Journal Of Medical Robotics And Computer Assisted Surgery*, Vol. 3, pp. 91–96, 2007.

[Czer00a] C. Czerny, W. Gstöttner, O. Adunka, J. Hamzavi, und W.-D. Baumgartner. "Postoperative Darstellung und Erfassung der Lage und Insertionstiefe von multikanalikulären Cochlear-Implantaten durch die hochauflösende Computertomographie und durch das Nativröntgen". *Wiener Klinische Wochenschrift*, Vol. 112(11), pp. 509–511, 2000.

[Czer00b] C. Czerny, W. Gstöttner, O. Adunka, J. Hamzavi, und W.-D. Baumgartner. "Präoperative Bildgebung vor dem Einsetzen eines multikanalikulären Cochlear-Implantates mittels Computer- und Magnetresonanztomographie der Innenohrregion". *Wiener Klinische Wochenschrift*, Vol. 112(11), pp. 481–486, 2000.

[Damm01] F. Dammann, A. Bode, E. Schwaderer, M. Schaich, M. Heuschmid, und M. M. Maassen. "Computer-aided Surgical Planning for Implantation of Hearing Aids Based on CT Data in a VR Environment". *Radiographics*, Vol. 21(1), pp. 183–190, 2001.

[Davi03] S. R. Davidson und D. F. James. "Drilling in bone: modeling heat generation and temperature distribution.". *Journal of Biomechanical Engineering*, Vol. 125(3), pp. 305–314, 2003.

[Daze03] S. Dazert, D. Russ, R. Mlynski, D. Brors, A. Greiner, C. Aletsee, und J. Helms. "Experimentelle Untersuchungen zur Anwendung des CO_2-Lasers an Gehoerknoechelchenpraeparaten". *HNO*, Vol. 51, pp. 563–568, 2003.

[Dema02] C. Demant, B. Streicher-Abel, und P. Waszkewitz. *Industrielle Bildverarbeitung*. Springer, 2002.

[DIN] Deutsche Industrienorm (DIN) 19226. "Regelungs- und Steuertechnik, Begriffe und Benennungen". 1968.

[Dext99] F. Dexter, A. Macario, und R. D. Traub. "Which algorithm for scheduling add-on elective cases maximizes operating room utilization? Use of bin packing algorithms and fuzzy constraints in operating room management.". *Anesthesiology*, Vol. 91(5), pp. 1491–1500, 1999.

[Done04] A. Donev, I. Cisse, D. Sachs, E. A. Variano, F. H. Stillinger, R. Connelly, S. Torquato, und P. M. Chaikin. "Improving the Density of Jammed Disordered Packings Using Ellipsoids". *Science*, Vol. 303, pp. 990–993, 2004.

[Done06] A. Donev. *Jammed Packings of Hard Particles.* Dissertation, Princeton University, 2006.

[Dorf06] R. C. Dorf und R. H. Bishop. *Moderne Regelungssysteme.* Pearson Studium, 2006.

[Dule76] W. W. Duley. *CO_2 Lasers: Effects and Applications.* Academic Press, 1976.

[Dutt03] J. Dutta Majumdar und I. Manna. "Laser processing of materials". *Sadhana*, Vol. 28, pp. 495–562, 2003.

[Eich06] J. Eichler und H.-J. Eichler. *Laser.* Springer, 2006.

[Eins17] A. Einstein. "Zur Quantentheorie der Strahlung". *Physikalische Zeitschrift*, Vol. 18, pp. 121–128, 1917.

[Enge72] A. Engelhardt und D. Bimberg. "Osteotomie mit Laser". *LASER+Elektro-Optik*, Vol. 3, pp. 54–57, 1972.

[Eshr06] A. A. Eshraghi. "Prevention of cochlear implant electrode damage.". *Current Opinion in Otolaryngology & Head and Neck Surgery*, Vol. 14(5), pp. 323–328, 2006.

[Evan06] D. D. Evans. "Geometry and Bond Improvements for Wire Ball Bonding and Ball Bumping". In: *Proc. International Symposium on Microelectronics*, 2006.

[Ewal04] J. Ewald, C. Damiani, S. Klein, J. Otten, M. Schmidt, J. Koetke, und A. Sepehrnia. "Berührungslose Steuerung eines motorischen Stativs für ein OP-Mikroskop in zwei Freiheitsgraden". *Biomedizinische Technik*, Vol. 49(2), pp. 52–53, 2004.

[FDA03] U.S. Food and Drug Administration. "FDA Public Health Web Notification: Risk of Bacterial Meningitis in Children with Cochlear Implants". 2003.

[Fede01] P. Federspil, J. Stallkamp, und P. Plinkert. "Robotik - Eine neue Dimension in der HNO - Heilkunde". *HNO*, pp. 505–513, 2001.

[Fitz01] J. M. Fitzpatrick und J. B. West. "The distribution of target registration error in rigid-bodypoint-based registration". *IEEE Transactions on Medical Imaging*, Vol. 20(9), pp. 917–927, 2001.

[Fitz98] J. Fitzpatrick, J. West, und C. Maurer. "Predicting error in rigid-body point-based registration". *IEEE Transactions on Medical Imaging*, Vol. 17(5), pp. 694–702, 1998.

[Forr93] M. Forrer, M. Frenz, V. Romano, H. Altermatt, H. Weber, A. Silenok, M. Istomyn, und V. Konov. "Bone-Ablation Mechanism Using CO_2 Lasers of Different Pulse Duration and Wavelength". *Applied Physics B Photophysics and Laser Chemistry*, Vol. B56, pp. 104–112, 1993.

[Frat02] P. Fratzl. "Von Knochen, Holz und Zähnen". *Physik Journal*, Vol. 1(5), pp. 49–55, 2002.

[Fren08] M. Frenz. "Laser-Basiskurs". 10. Symposium Schweizerische Arbeitsgemeinschaft für Laserchirurgie SALC; online: http://www.salc.ch/pdf/basiskurs-technische grundlagen-salc.pdf, Stand: 2008.

[Gedi06] J. Gedicke, B. Regaard, A. Gillner, und S. Kaierle. "Kontrolle beim Mikroschweißen - Automatisierte Prozessüberwachung durch koaxiale Prozesskontrolle mit Fremdbeleuchtung". *Laser Technik Journal*, Vol. 3(4), pp. 33–37, 2006.

[Gold69] L. Goldman, R. J. Rockwell, D. Richfield, C. Wilson, M. Franzen, P. O. Smith, und S. R. Hyatt. "Preliminary investigation of fat embolization from pulsed ruby laser impacts of bone". *Nature*, Vol. 221, pp. 361–363, 1969.

[Gold70] L. Goldman, R. J. Rockwell, Z. Naprstek, V. E. Siler, R. Hoefer, C. Hobeika, K. Hishimoto, T. Polanyi, und H. C. Bredmeier. "Some parameters of high output CO_2 laser experimental surgery.". *Nature*, Vol. 228, pp. 1344–1345, 1970.

[Gree02] H. Greess, U. Baum, W. Roemer, B. Tomandl, und W. Bautz. "CT und MRT des Felsenbeins". *HNO*, Vol. 50, pp. 906–916, 2002.

[Gsto00] W. Gstoettner, W. D. Baumgartner, J. Hamzavi, und O. Adunka. "Cochlear-Implantation - die Wiener Operationstechnik". *Wiener Klinische Wochenschrift*, Vol. 112(11), pp. 473–476, 2000.

[Gsto97a] W. Gstoettner, J. Hamzavi, und C. Czerny. "Rehabilitation Hoergeschaedigter mit Cochlearimplantaten". *Radiologe*, Vol. 37, pp. 991–994, 1997.

[Gsto97b] W. Gstoettner, W. D. Baumgartner, J. Hamzavi, und P. Franz. "Erste Erfahrungen mit dem Combi-40-Cochlearimplantat.". *HNO*, Vol. 45, pp. 17–21, 1997.

[Gupt04] R. Gupta, S. H. Bartling, S. K. Bas, W. R. Ross, H. Becker, A. Pfoh, T. Brady, und H. D. Curtin. "Experimental Flat-Panel High-Spatial-Resolution Volume CT of the Temporal Bone". *American Journal of Neuroradiology*, Vol. 25(8), pp. 1417–1424, 2004.

[Guth00] G. S. Guthart und J. K. Salisbury Jr. "The intuitive telesurgery system: overview and application". In: *Proc. IEEE International Conference on Robotics and Automation*, pp. 618–621, 2000.

[Hage08] G. Hager, S. Hutchinson, und P. Corke. "Tutorial TT3: A Tutorial on Visual Servo Control". online:
http://citeseerx.ist.psu.edu/viewdoc/summary?doi=10.1.1.48.9256, Stand 2008.

[Harb08] D. Harbecke. *Bohrungen in biologischem Hartgewebe mit kurzgepulsten CO_2-Lasern*. Diplomarbeit, Universität Düsseldorf, 2008.

[Hart87] G. Hartmann. "Recognition of hierarchically encoded images by technical and biological systems.". *Biological Cybernetics*, Vol. 57(1-2), pp. 73–84, 1987.

[Heer01] R. Heermann, P. R. Issing, H. Husstedt, H. Becker, und T. Lenarz. "Einsatz des Navigationssystems MKM im Bereich der lateralen Schädelbasis". *Laryngo-Rhino-Otologie*, Vol. 80, pp. 569–575, 2001.

[Helm03] J. Helms, J. Müller, F. Schön, und S. Brill. "Cochlea-Implantation: Ergebnisse und Kosten, eine Übersicht". *Laryngo-Rhino-Otologie*, Vol. 82, pp. 821–825, 2003.

[Hopp02] H. Hoppe, P. Heinze, C. Kuebler, J. Raczkowsky, und H. Woern. "A New, Accurate and Easy to Implement Camera and Video Projector Model". In: *Studies in health technology and informatics, Vol. 85*, pp. 204–206, 2002.

[Hopp04] H. Hoppe. *Projektorbasierte Erweiterte Realität in der rechnergestützten Chirurgie*. Dissertation, Universität Karlsruhe (TH), 2004.

[Horc77] H.-H. Horch. “Laser Osteotomie und Anwendungsmöglichkeiten des Lasers in der oralen Weichteilchirugie”. 1977. Habilitationsschrift der Hohen Medizinischen Fakultät der Universität Düsseldorf.

[Horc84] H.-H. Horch. “Zum aktuellen Stand der Laser-Osteotomie”. *Der Orthopäde*, Vol. 13(2), pp. 125–32, 1984.

[Horn88] B. K. P. Horn, H. M. Hilden, und S. Negahdaripour. “Closed-Form Solution of Absolute Orientation Using Orthonormal Matrices”. *Journal of the Optical Society of America A*, Vol. 5(7), pp. 1127–1135, 1988.

[Hors07] A. Horsch, T. M. Deserno, H. Handels, H.-P. Meinzer, und T. Tolxdorff, Eds. *Bildverarbeitung für die Medizin 2007*. Springer, 2007.

[Huan03] D. Huang, M. Tang, und R. Shekhar. “Mathematical model of corneal surface smoothing after laser refractive surgery.”. *American Journal Of Ophthalmology*, Vol. 135(3), pp. 267–278, 2003.

[Huss08] A. Hussong, T. Rau, H. Eilers, S. Baron, B. Heimann, M. Leinung, T. Lenarz, und O. Majdani. “Conception and design of an automated insertion tool for cochlear implants”. In: *Proc. IEEE Engineering in Medicine and Biology Society*, pp. 5593–5596, 2008.

[Ilgn06] J. Ilgner, M. Wehner, J. Lorenzen, M. Bovi, und M. Westhofen. “Morphological effects of nanosecond- and femto-secondpulsed laser ablation on human middle ear ossicles”. *Journal of Biomedical Optics*, Vol. 11, pp. 1–7, January 2006.

[Imme03] Immersion Corporation. *Philips Medical Systems Customizes Immersion's MicroScribe® Technology to Reduce Patient Risk and Costs.* 2003.

[Imme04] Immersion Corporation. *MicroScribe G2 data sheet.* 2004.

[Ivan05a] M. Ivanenko, S. Afilal, M. Werner, und P. Hering. “Bone Tissue Ablation with CO_2 Lasers at Different Pulse Durations”. In: *Proc. SPIE Vol. 5863, Therapeutic Laser Applications and Laser-Tissue Interactions II*, p. ME3, 2005.

[Ivan05b] M. Ivanenko, R. Sader, S. Afilal, M. Werner, M. Hartstock, C. von Hänisch, S. Milz, W. Erhardt, H.-F. Zeilhofer, und P. Hering. “In vivo animal trials with a scanning CO_2 laser osteotome.”. *Lasers in Surgery and Medicine*, Vol. 37(2), pp. 144–148, 2005.

[Ivan05c] M. Ivanenko, M. Werner, S. Afilal, M. Klasing, und P. Hering. “Ablation of hard bone tissue with pulsed CO_2 lasers”. *Medical Laser Application*, Vol. 20(1), pp. 13–23, 2005.

[Ivan06] M. Ivanenko, M. Werner, M. Klasing, und P. Hering. “System development and clinical studies with a scanning CO_2 laser osteotome”. In: *Proc. SPIE Vol. 6084, Optical Interactions with Tissue and Cells XVII*, pp. 109–114, 2006.

[Ivan98] M. Ivanenko und P. Hering. “Wet bone ablation with mechanically Q-switched high-repetition-rate CO_2 laser”. *Applied Physics B: Lasers and Optics*, Vol. 67(3), pp. 395–397, 1998.

[Jans67] C. Jansen. "Posteriore tympanotomie: Zugang zum Mittelohr mit Erhaltung des äußeren Gehörgangs". *European Archives of Oto-Rhino-Laryngology*, Vol. 188(2), pp. 558–559, 1967.

[Jähn05] B. Jähne. *Digitale Bildverarbeitung*. Springer, 2005.

[Jimé05] J. R. Jiménez, R. G. Anera, L. J. del Barco, E. Hita, und F. Pérez-Ocón. "Correction factor for ablation algorithms used in corneal refractive surgery with gaussian-profile beams". *Optics Express*, Vol. 13(1), pp. 336–343, 2005.

[Jord98] H.-J. Jordan, M. Wegner, und H. Tiziani. "Highly accurate non-contact characterization of engineering surfaces using confocal microscopy". *Measurement Science and Technology*, Vol. 9, pp. 1142–1151, 1998.

[Jova00] S. Jovanovic, Y. Jamali, D. Anft, U. Schönfeld, H. Scherer, und G. Müller. "Influence of pulsed laser irradiation on the morphology and function of the guinea pig cochlea". *Hearing Research*, Vol. 144, pp. 97–108, 2000.

[Jova06] S. Jovanovic, U. Schoenfeld, und H. Scherer. "Ein-Schuss-CO2-Laser-Stapedotomie". *HNO*, Vol. 54, pp. 842–850, 2006.

[Jova95a] S. Jovanovic, D. Anft, U. Schönfeld, A. Berghaus, und H. Scherer. "Tierexperimentelle Untersuchungen zur CO_2-Laser-Stapedotomie". *Laryngo-Rhino-Otologie*, Vol. 74(1), pp. 26–32, 1995.

[Jova95b] S. Jovanovic, D. Anft, U. Schoenfeld, A. Berghaus, und H. Scherer. "Experimental studies on the suitability of the erbium laser for stapedotomy in an animal model". *European Archives of Oto-Rhino-Laryngology*, Vol. 252, pp. 422–427, 1995.

[Jüpt98] W. Jüptner. "Grundlagen des Lasers". Vorlesungsmanuskript, Bremer Institut für angewandte Strahltechnik, Universität Bremen, 1998.

[Kahr07a] L. A. Kahrs, M. Mehrwald, F. Knapp, M. Werner, J. Raczkowsky, P. Hering, J. Schipper, T. Klenzner, und H. Wörn. "Bildverarbeitungssystem für die Erkennung von Grenzflächen bei einer Cochleostomie". In: *Proc. Jahrestagung der Deutschen Gesellschaft für Computer- und Roboterassistierte Chirurgie*, pp. 69–71, 2007.

[Kahr07b] L. A. Kahrs, M. Werner, F. Knapp, S.-F. Lu, J. Raczkowsky, J. Schipper, M. Ivanenko, H. Wörn, P. Hering, und Th. Klenzner. "Video Camera Based Navigation of a Laser Beam for Micro Surgery Bone Ablation at the Skull Base - Setup and Initial Experiments". In: *Advances in Medical Engineering*, pp. 219–223, Springer, 2007.

[Kahr08a] L. A. Kahrs, T. Klenzner, J. Raczkowsky, J. Schipper, und H. Wörn. "Planung und Simulation mikrochirurgischer Laserknochenablation". In: *Proc. Deutschen Gesellschaft für Computer- und Roboterassistierte Chirurgie e.V.*, pp. 229–232, 2008.

[Kahr08b] L. A. Kahrs, J. Raczkowsky, M. Werner, F. B. Knapp, M. Mehrwald, P. Hering, J. Schipper, T. Klenzner, und H. Wörn. "Visual servoing of a laser ablation based cochleostomy". In: *Proc. SPIE Vol. 6918, Medical Imaging*, p. 69182C, 2008.

[Kahr09] L. A. Kahrs, J. Burgner, T. Klenzner, J. Raczkowsky, J. Schipper, und H. Wörn. "Planning and Simulation of micro-surgical laser bone ablation". *International Journal of Computer Assisted Radiology and Surgery*, online, 2009.

[Kami99a] M. Kamimura, S. Ebara, H. Itoh, Y. Tateiwa, T. Kinoshita, und K. Takaoka. "Accurate pedicle screw insertion under the control of a computer-assisted image guiding system: Laboratory test and clinical study". *Journal of Orthopaedic Science*, Vol. 4, pp. 197–206, 1999.

[Kami99b] J. Kaminsky, T. Brinker, A. Samii, G. Arango, P. Vorkapic, und M. Samii. "Technical considerations regarding accuracy of the MKM navigation system. An experimental study on impact factors.". *Neurological Research*, Vol. 21(4), pp. 420–424, 1999.

[Kang06] H. W. Kang, H. Lee, S. Chen, und A. J. Welch. "Enhancement of Bovine Bone Ablation Assisted by a Transparent Liquid Layer on a Target Surface". *IEEE Journal of Quantum Electronics*, Vol. 42, pp. 633–642, 2006.

[Kaut94] M. Kautzky, M. Susani, P. Huebsch, R. Kuersten, und M. Zrunek. "Holmium: YAG laser surgery in obliterated cochleas: an experimental study in human cadaver temporal bones". *European Archives of Oto-Rhino-Laryngology*, Vol. 251, pp. 165–169, 1994.

[Kaut96] M. Kautzky, M. Susani, P. Franz, und M. Zrunek. "Flexible fiberoptic endoscopy and laser surgery in obliterated cochleas: Human temporal bone studies". *Lasers in Surgery and Medicine*, Vol. 18, pp. 271–277, 1996.

[Kemp99] H.-G. Kempf, K. Johann, und T. Lenarz. "Complications in pediatric cochlear implant surgery". *European Archives of Oto-Rhino-Laryngology*, Vol. 256, pp. 128–32, 1999.

[Kief04] J. Kiefer, M. Pok, O. Adunka, E. Stürzebecher, W. Baumgartner, M. Schmidt, J. Tillein, Q. Ye, und W. Gstoettner. "Die kombinierte elektrische und akustische Stimulation des auditorischen Systems (EAS)". In: *Proc. Jahrestagung Deutsche Gesellschaft für Audiologie*, pp. 1–5, 2004.

[Kief96] J. Kiefer, V. Gall, C. Desloovere, R. Knecht, A. Mikowski, und C. von Ilberg. "A follow-up study of long-term results after cochlear implantation in children and adolescents". *European Archives of Oto-Rhino-Laryngology*, Vol. 253, pp. 158–166, 1996.

[Klas08] M. Klasing. *Konstruktion und Evaluierung eines CO_2-Laserosteotoms.* Masterarbeit, University of Applied Sciences Koblenz, RheinAhrCampus Remagen, 2008.

[Klen06] T. Klenzner, C. Ngan, F. Knapp, J. Kromeier, K. Koerner, A. Aschendorff, J. Raczkowsky, H. Woern, und J. Schipper. "New strategies for high precision cochleostomy using a hexapod robot system". *Wiener Medizinische Wochenschrift*, Vol. 156 Suppl. 119, p. 27, 2006.

[Klen07a] T. Klenzner, M. Werner, L. Kahrs, F. Knapp, S. Lu, M. Ivanenko, J. Raczkowsky, H. Wörn, P. Hering, und J. Schipper. "Experimenteller Ansatz zur navigiert lasergestützten Knochenablation für eine Cochleostomie". In: *Proc. Jahresversammlung der Deutschen Gesellschaft für Hals-Nasen-Ohren-Heilkunde, Kopf- und Hals-Chirurgie e.V. (gms)*, p. 1, 2007.

[Klen07b] T. Klenzner. Private Kommunikation, 2007.

[Klen09] T. Klenzner, F. B. Knapp, J. Schipper, J. Raczkowsky, H. Woern, L. A. Kahrs, M. Werner, und P. Hering. "High precision cochleostomy by use of a pulsed CO_2 laser - an experimental approach.". *Cochlear Implants International*, Vol. 10 Suppl 1, pp. 58–62, 2009.

[Klen99] T. Klenzner, M. Stecker, N. Marangos, und R. Laszig. "Zur Indikationserweiterung des "cochlear-implant" - Freiburger Ergebnisse bei Patienten mit Resthörigkeit". *HNO*, Vol. 47, pp. 95–100, 1999.

[Kneu05] F. K. Kneubühl und M. W. Sigrist. *Laser*. Teubner, 2005.

[Koza03] J. Kozak. *Schwerpunktmarker in der Genauigkeitsanalyse punkt-basierter Registrierungen in der Computer Aided Head Surgery (CAHS)*. Dissertation, Universität Heidelberg, 2003.

[Kram84] C. Krampe. "Zeiss operating microscopes for neurosurgery". *Neurosurgical Review*, Vol. 7, pp. 89–97, 1984.

[Krat03] C. Kratzsch. *Realisierung eines kamerabasierten Prozessüberwachungssystems am Beispiel des Lasers*. Dissertation, Rheinisch-Westfälische Technische Hochschule Aachen, 2003.

[Kwoh88] Y. S. Kwoh, J. Hou, E. A. Jonckheere, und S. Hayati. "A robot with improved absolute positioning accuracy for CT guided stereotactic brain surgery". *IEEE Transactions on Biomedical Engineering*, Vol. 35(2), pp. 153–160, 1988.

[Laba08] R. F. Labadie, J. H. Noble, B. M. Dawant, R. Balachandran, O. Majdani, und J. M. Fitzpatrick. "Clinical Validation of Percutaneous Cochlear Implant Surgery: Initial Report.". *The Laryngoscope*, Vol. 118(6), pp. 1031–1039, 2008.

[Lass06] L. Lassaletta, A. Castro, M. Bastarrica, M. J. de Sarria, und J. Gavilan. "Quality of life in postlingually deaf patients following cochlear implantation". *European Archives of Oto-Rhino-Laryngology*, Vol. 263, pp. 267–270, 2006.

[Lasz01] R. Laszig. "Cochlear Implant bei Kindern". *Monatsschrift Kinderheilkunde*, Vol. 149, pp. 900–906, 2001.

[Lasz04] R. Laszig, A. Aschendorff, J. Schipper, und T. Klenzner. "Aktuelle Entwicklung zum Kochleaimplantat". *HNO*, Vol. 52, pp. 357–362, 2004.

[Lasz97] R. Laszig und T. Klenzner. "Cochlear Implant bei Resthörigkeit". *HNO*, Vol. 10, pp. 740–741, 1997.

[Laws98] J. Lawson, K. Cranley, und J. Toner. "Digital imaging: a valuable technique for the postoperative assessment of cochlear implantation". *European Radiology*, Vol. 8, pp. 951–954, 1998.

[Lehn93] E. Lehnhardt. "Intracochleäre Platzierung der Cochlea-Implant-Elektroden in soft surgery technique". *HNO*, Vol. 41, pp. 356–359, 1993.

[Lesi89] S. G. Lesinski und A. Palmer. "Laser for Otosclerosis: CO_2 vs. Argon and KTP-532". *Laryngoscope*, Vol. 99, pp. 1–8, 1989.

[Li02] L. Li, D. Low, M. Ghoreshi, und J. Crookall. "Hole Taper Characterisation and Control in Laser Percussion Drilling". *CIRP Annals - Manufacturing Technology*, Vol. 51(1), pp. 153–156, 2002.

[Li92] Z.-Z. Li, L. Reinisch, und W. Van de Merwe. "Bone ablation with Er-YAG and CO_2 laser: Study of thermal and acoustic effects". *Lasers in Surgery and Medicine*, Vol. 12, pp. 79–85, 1992.

[Lith64] N. H. Lithwick, M. K. Healy, und J. Cohen. "Micro-Analysis of bone by laser microprobe.". *Surgical Forum*, Vol. 15, pp. 439–41, 1964.

[Liu03] X. Liu, H. Cevikalp, und J. M. Fitzpatrick. "Marker orientation in fiducial registration". In: *Proc. SPIE Vol. 5032, Medical Imaging*, pp. 1176–1185, 2003.

[Lu07a] S.-F. Lu, L. A. Kahrs, M. Werner, F. B. Knapp, J. Raczkowsky, J. Schipper, M. Ivanenko, H. Wörn, P. Hering, und T. Klenzner. "First results of the detection of the boundary between soft tissue and bone with a video controlled laser ablation system". In: *Proc. Computer Aided Surgery around the Head*, pp. 103–105, 2007.

[Lu07b] S.-F. Lu, L. A. Kahrs, M. Werner, F. B. Knapp, J. Raczkowsky, J. Schipper, M. Ivanenko, H. Wörn, P. Hering, und T. Klenzner. "First Study on Laser Bone Ablation System at the Skull Base for Micro Surgery Based on Vision Navigation". In: *Proc. Chinese Control Conference*, pp. 602–604, 2007.

[Main98] J. B. Maintz und M. A. Viergever. "A survey of medical image registration.". *Medical Image Analysis*, Vol. 2(1), pp. 1–36, 1998.

[Majd08] O. Majdani, S. H. Bartling, M. Leinung, T. Stöver, M. Lenarz, C. Dullin, und T. Lenarz. "Navigationsgeführte minimal-invasive Cochlea-Implantation - Untersuchungen am humanen Felsenbein". *Laryngo-Rhino-Otologie*, Vol. 87, pp. 18–22, 2008.

[Mala03] S. Malassiotis und M. G. Strintzis. "Stereo vision system for precision dimensional inspection of 3D holes". *Machine Vision and Applications*, Vol. 15, pp. 101–113, 2003.

[Mamm95] F. Mammano und J. F. Ashmore. "A laser interferometer for sub-nanometre measurements in the cochlea". *Journal of Neuroscience Methods*, Vol. 60, pp. 89–94, 1995.

[Mara98] N. Marangos und R. Laszig. "Cochlear Implants". *HNO*, Vol. 46, pp. 12–26, 1998.

[Marm05] R. Marmulla, G. Eggers, und J. Mühling. "Laser Surface Registration for Lateral Skull Base Surgery". *Minimally Invasive Neurosurgery*, Vol. 48, pp. 181–185, 2005.

[Mass05] M. Massih. *CO_2-Laser-Stapedotomie - Untersuchung der postoperativen Innenohrfunktion (Knochenleitungsschwelle)*. Dissertation, Charité-Universitätsmedizin Berlin, 2005.

[Maur97] C. R. Maurer, J. M. Fitzpatrick, M. Y. Wang, R. L. Galloway, R. J. Maciunas, und G. S. Allen. "Registration of head volume images using implantable fiducial markers". *IEEE Transactions on Medical Imaging*, Vol. 16(4), pp. 447–462, 1997.

[Mehr07] M. Mehrwald. *Bildverarbeitungsgesteuerte Erkennung der Knochendicke für die Laserablation*. Diplomarbeit, Universität Heidelberg und Universität Karlsruhe (TH), 2007.

[Mend06] E. Mendez, K. M. Nowak, H. J. Baker, F. J. Villarreal, und D. R. Hall. "Localized CO_2 laser damage repair of fused silica optics". *Applied Optics*, Vol. 45(21), pp. 5358–5367, 2006.

[Mühl04] J. Mühling. "Finanzierungsanträge des Sonderforschungsbereichs 414: "Informationstechnik in der Medizin – Rechner- und sensorgestützte Chirurgie" für die Jahre 2005 - 2007". 2004. Universität Heidelberg, Universität Karlsruhe (TH), Deutsches Krebsforschungszentrum.

[Mitr02] T. Mitra. *Ablation biologischen Hartgewebes mit gepulsten IR-Lasern*. Dissertation, Heinrich-Heine-Universität Düsseldorf, 2002.

[Müll05] J. Müller. "Die apparative Versorgung der Schwerhörigkeit: Cochlea-Implantate und Hirnstammimplantate - Aktuelle Entwicklungen der letzten 10 Jahre". *Laryngo-Rhino-Otologie*, Vol. 84, pp. 60–73, 2005.

[Müll06] G. J. Müller, P. Berlien, und C. Scholz. "The medical laser". *Medical Laser Application*, Vol. 21, pp. 99–108, 2006.

[Mock75] J. Mockwitz, M. Franetzki, und K. Prestele. "Schnittversuche mit dem CO_2-Laser an Arterien und Knochen". *Electromedica*, Vol. 4, pp. 120–123, 1975.

[Modr06] K. U. Modrich. "Industrielle Bildverarbeitung - Schlüsseltechnologie moderner Produktionssysteme". *Laser Technik Journal*, Vol. 5, pp. 23–28, 2006.

[Nage96] D. Nagel. "Laser in der Ohrchirurgie". *HNO*, Vol. 44, pp. 553–554, 1996.

[Nano08] NanoFocus AG. "Produktdatenblatt μsurf explorer". online: http://www.nanofocus.de/, Stand: 2008.

[Nard07] W. D. Nardo, I. Cantore, P. Melillo, F. Cianfrone, A. Scorpecci, und G. Paludetti. "Residual hearing in cochlear implant patients". *European Archives of Oto-Rhino-Laryngology*, Vol. 264(8), pp. 1–6, 2007.

[Neum05a] B. Neumann. *Bildverarbeitung für Einsteiger*. Springer, 2005.

[Neum05b] M. Neumann, A. Aschendorff, J. Schipper, R. Laszig, und T. Klenzner. "Einfluss der Insertionstiefe auf den Erhalt von Restgehör nach Cochlear Implantation". *Laryngo-Rhino-Otologie*, Vol. 84(2), pp. 113–116, 2005.

[Ngan07] C.-C. Ngan. *Atraumatic and function-preserving high precision surgery of the human temporal bone*. Dissertation, Universität Karlsruhe (TH), 2007.

[Nims04] C. Nimsky, J. Rachinger, H. Iro, und R. Fahlbusch. "Adaptation of a hexapod-based robotic system for extended endoscope-assisted transsphenoidal skull base surgery.". *Minimally Invasive Neurosurgery*, Vol. 47(1), pp. 41–46, 2004.

[Nobl07] J. H. Noble, F. M. Warren, R. F. Labadie, B. Dawant, und J. M. Fitzpatrick. "Determination of drill paths for percutaneous cochlear access accounting for target positioning error". In: *Proc. SPIE Vol. 6509, Medical Imaging*, p. 650925, 2007.

[Ohmi04] M. Ohmi, M. Tanizawa, A. Fukunaga, und M. Haruna. "Automatic in-situ observation of tissue laser ablation using optical coherence tomography". In: *Proc. Asian and Pacific Rim Symposium on Biophotonics*, pp. 228–229, 2004.

[Olss06] C. Olsson, F. Kahl, und M. Oskarsson. "The Registration Problem Revisited: Optimal Solutions From Points, Lines and Planes". In: *Proc. IEEE Computer Society Conference on Computer Vision and Pattern Recognition*, pp. 1206–1213, 2006.

[Orig08] OriginLab Corporation. "Origin 8/OriginPro 8 – Features List". online: http://www.originlab.com/pdfs/slick_Origin8_Features_List.pdf, Stand: 2008.

[Pand06] N. Pandey, H. Shan, und A. Bharti. "Percussion drilling with laser: hole completion criterion". *The International Journal of Advanced Manufacturing Technology*, Vol. 28, pp. 863–868, 2006.

[Park92] J. B. Park und R. S. Lakes. *Biomaterials*. Plenum, 1992.

[Parv96] B. Parvin, D. Callahan, W. Johnston, und M. Maestre. "Visual servoing for micromanipulation". In: *Proc. International Conference on Pattern Recognition*, pp. 341–345, 1996.

[Pau07a] H. W. Pau, T. Just, M. Bornitz, N. Lasurashvilli, und T. Zahner. "Noise Exposure of the Inner Ear During Drilling a Cochleostomy for Cochlear Implantation". *Laryngoscope*, Vol. 117, pp. 535–540, 2007.

[Pau07b] H. W. Pau, E. Lankenau, T. Just, D. Behrend, und G. Hüttmann. "Optical coherence tomography as an orientation guide in cochlear implant surgery?". *Acta Oto-Laryngologica*, Vol. 127(9), pp. 907–913, 2007.

[Pete05] H. Peters, H. Knoop, W. Korb, S. Ghanai, J. Raczkowsky, M. Werner, M. Klasing, M. Ivanenko, S. Hassfeld, P. Hering, und H. Wörn. "Bringing Laser for Osteotomy into the Operation Theatre". In: *Proc. International Congress and Exhibition of Computer Assisted Radiology and Surgery*, pp. 1364–1364, 2005.

[Pete07] H. Peters. *Innovative Endeffektoren für die Chirugie*. Dissertation, Universität Karlsruhe (TH), 2007.

[Plin01] P. Plinkert, B. Plinkert, A. Hiller, und J. Stallkamp. "Einsatz eines Roboters an der lateralen Schädelbasis: Evaluation einer robotergesteuerten Mastoidektomie am anatomischen Präparat". *HNO*, Vol. 49, pp. 514–523, 2001.

[Plin02] P. K. Plinkert, P. A. Federspil, D. Henrich, und B. Plinkert. "Kraft-basierte lokale Navigation zur robotergestützten Implantatbettanlage im Bereich der lateralen Schädelbasis". *HNO*, Vol. 50, pp. 233–239, 2002.

[Pola70] T. Polanyi, H. Bredemeier, und T. Davis jr. "A CO_2 laser for surgical research". *Medical and Biological Engineering*, Vol. 8, pp. 541–548, 1970.

[Post06] A. Postnov, A. Zarowski, N. D. Clerck, F. Vanpoucke, F. Offeciers, D. van Dyck, und S. Peeters. "High resolution micro-CT scanning as an innovatory tool for evaluation of the surgical positioning of cochlear implant electrodes". *Acta Oto-Laryngologica*, pp. 1–8, 2006.

[Prie03] L. Priese und P. Sturm. "Introduction to the Color Structure Code and its Implementation". Tech. Rep., Universität Koblenz-Landau, Campus Koblenz, Institut für Computervisualistik, 2003.

[Prie93] L. Priese und V. Rehrmann. "A Fast Hybrid Color Segmentation Method". In: *Proc. Symposium Deutsche Arbeitsgemeinschaft für Mustererkennung*, pp. 297–304, 1993.

[Prie98] L. Priese. "Vergleich von Farbsegmentierungstechniken". In: *9. Heidelberger Bildverarbeitungsforums*, pp. 1–19, Verband Deutscher Maschinen- und Anlagenbau e.V., 1998.

[Prob98] R. Probst. "Cochlear Implants: Eine Erfolgsgeschichte und einige Fragen dazu". *HNO*, Vol. 46, pp. 4–6, 1998.

[Prok92] L. Prokopova, N. Nikolaeva, und A. Skovorodnev. "Thermal effect arising during exposure of bone tissue to a CO_2 laser". Tech. Rep., Department of Surgery and Orthopedics of Childhood and Department of Medical and Biological Physics Pirogov Odessa Medical Institute, 1992.

[Purv04] D. Purves, G. J. Augustine, und D. Fitzpatrick. *Neuroscience*. Palgrave Macmillan, 2004.

[Racz06] J. Raczkowsky, J. Schipper, T. Klenzner, C. Ngan, K. Koerner, und H.Woern. "Micro scaling of robot treatment for skull base operations". In: *Proc. International Congress and Exhibition of Computer Assisted Radiology and Surgery*, pp. 508–509, 2006.

[Rath07] W. Rath. "CO_2 Lasers: Modern Workhorses in the World of Industrial Manufacturing". *Laser Technik Journal*, Vol. 4(3), pp. 34–39, 2007.

[Rehr94] V. Rehrmann. *Stabile, echtzeitfähige Farbbildauswertung*. Dissertation, Universität Koblenz-Landau, 1994.

[Rich00] B. Richter, C. Spahn, I. Zschocke, M. Leuchter, R. Laszig, und E. Loehle. "Psychische Belastung, Informiertheit und Behandlungserwartung von Eltern mit einem Cochlear Implant versorgten Kind". *HNO*, Vol. 48, pp. 675–683, 2000.

[Riec07a] M. Riechmann, P. U. Lohnstein, J. Raczkowsky, T. Klenzner, J. Schipper, und H. Wörn. "Minimal traumatic surgery on the lateral skull base". *International Journal of Computer Assisted Radiology and Surgery*, Vol. 2 Suppl. 1, pp. 485–486, 2007.

[Riec07b] M. Riechmann, E. Papastathopoulos, K. Körner, C. C. Ngan, J. Raczkowsky, F. Knapp, T. Klenzner, J. Schipper, und H. Wörn. "Eine konfokale Messsonde zur hochpräzisen navigierten Felsenbeinchirurgie". In: *Proc. Jahrestagung der Deutschen Gesellschaft für Computer- und Roboterassistierte Chirurgie*, pp. 15–18, 2007.

[Robl01] L. Robles und M. A. Ruggero. "Mechanics of the Mammalian Cochlea". *Physiological Reviews*, Vol. 81(3), pp. 1305–1352, 2001.

[Rofi04] Rofin-Sinar UK Ltd. "Bedienungshandbuch ROFIN SC x10 OEM CO_2-Slab-Laser". 2004.

[Rogo03] J. Rogowska, C. Bryant, und M. Brezinski. "Image processing technique for semiautomatic detection of cartilage boundaries on OCT images". In: *Proc. Conference on Lasers and Electro-Optics*, 2003.

[Roth06] D. L. Rothbaum, J. Roy, T. Mustufa, K. Snook, J. Cannata, W.-H. Chen, G. Hager, R. Taylor, L. L. Whitcomb, H. Francis, und J. Niparko. "High-resolution ultrasonography of the cochlea". online: http://robotics.me.jhu.edu/˜roy/papers/roy_rothbaum_US_cochlea.pdf, Stand: 2006.

[Rätz04] A. Rätzer-Scheibe, M. Klasing, M. Werner, M. Ivanenko, und P. Hering. "Acoustic monitoring of bone ablation using pulsed CO_2 lasers". In: *Aktuelle Methoden der Laser- und Medizinphysik*, pp. 281–286, VDE, 2004.

[Rupp03] S. Rupprecht, K. Tangermann, P. Kessler, F. W. Neukam, und J. Wiltfang. "Er:YAG laser osteotomy directed by sensor controlled systems". *Journal of Cranio-Maxillofacial Surgery*, Vol. 31, pp. 337–342, 2003.

[Russ99] R. Russo, X. Mao, H. Liu, J. Yoo, und S. Mao. "Time-resolved plasma diagnostics and mass removal during single-pulse laser ablation". *Applied Physics A*, Vol. 69 Suppl. 1, pp. 887–894, 1999.

[Sala06] Z. Salah, M. Kastner, F. Dammann, E. Schwaderer, M. M. Maassen, D. Bartz, und W. Strasser. "Preoperative planning of a complete mastoidectomy: semiautomatic segmentation and evaluation". *International Journal of Computer Assisted Radiology and Surgery*, Vol. 1, pp. 213–222, 2006.

[Sand05] J. Sander. "Farbbildverarbeitung". *Quality Engineering*, pp. 44–45, 2005.

[Sava06] J. Savall, M. Manrique, M. Echeverria, und M. Ares. "Micromanipulator for enhancing surgeon's dexterity in cochlear atraumatic surgery.". *Proc. IEEE Engineering in Medicine and Biology Society*, Vol. 1, pp. 335–338, 2006.

[Sche08] G. Scheithauer. *Zuschnitt- und Packungsoptimierung.* Vieweg + Teubner, 2008.

[Schi02] J. Schipper, A. Aschendorff, T. Klenzner, I. Arapakis, W. Maier, und R. Laszig. "Navigierte kontrollierte CI-Implantation im Kadavermodell". In: *Proc. Jahrestagung der Deutschen Gesellschaft für Computer- und Roboterassistierte Chirurgie*, 2002.

[Schi04] J. Schipper, T. Klenzner, A. Aschendorff, I. Arapakis, G. Ridder, und R. Laszig. "Navigiert-kontrollierte Kochleostomie. Ist eine Verbesserung der Ergebnisqualität in der Kochleaimplantat-Chirurgie möglich?". *HNO*, Vol. 52, pp. 329–335, 2004.

[Schm08] F. Schmitt und L. Priese. "Recent advances in 3D-CSC based MR brain image segmentation". In: *Proc. SPIE Vol. 6914, Medical Imaging*, 2008.

[Scho02] O. Schorr, J. Brief, C. Haag, J. Raczkowsky, S. Hassfeld, J. Mühling, und H. Wörn. "Surgery planning in head surgery". *Biomedizinische Technik*, Vol. 47 Suppl. 1, pp. 939–941, 2002.

[Scho04] O. Schorr. *Operationsplanung und -steuerung in der Chirurgie.* Dissertation, Universität Karlsruhe, 2004.

[Schw04] R. Schwab, D. Hagner, W. Müller, H. Lubatschowski, T. Lenarz, und R. Heermann. "Knochenablation mittels ultrakurzer Laserpulse. Eine neue Technik für die Mittelohrchirurgie". *Laryngo-Rhino-Otologie*, Vol. 83, pp. 219–225, 2004.

[Sedl98] B. Sedlmaier, A. Bloedow, U. Schoenfeld, und S. Jovanovic. "Das CO_2-Laserotoskop - Ein neues Applikationssystem fuer die Parazentese". *HNO*, Vol. 46, pp. 870–875, 1998.

[Serr99] P. Serra, J. Fernandez-Pradas, J. Navarro, und J. Morenza. "Study of the plume generated by Nd: YAG laser ablation of a hydroxyapatite target". *Applied Physics A*, pp. 183–186, 1999.

[Shef05] S. J. Shefelbine, P. Augat, L. Claes, und U. Simon. "Trabecular bone fracture healing simulation with finite element analysis and fuzzy logic". *Journal of Biomechanics*, Vol. 38, pp. 2440–2450, 2005.

[Slot07] J. V. Sloten, H. V. Oosterwyck, S. Jaecques, J. Duyck, und I. Naert. "Adaptive bone remodeling: bone as a true smart material". *European Cells and Materials*, Vol. 14, p. 27, 2007.

[Sobo95] E. Sobol, A. Serafetinides, M. Makropoulou, E. Helidonis, und G. Kavvalos. "Hard Tissue Laser Ablation Mechanisms". *Lasers in Medical Science*, Vol. 10, pp. 179–179, 1995.

[Sola07] C. A. Solares und M. Strome. "Transoral Robot-Assisted CO_2 Laser Supraglottic Laryngectomy: Experimental and Clinical Data". *The Laryngoscope*, Vol. 117, pp. 817–820, 2007.

[Sonk00] M. Sonka und J. Fitzpatrick. *Handbook of medical imaging. Volume 2: Medical image processing and analysis.* SPIE Optical Engineering Press, 2000.

[Spet95] J. Spetz. "Physicians and Physicists: The Interdisciplinary Introduction of the Laser to Medicine". In: *Sources of Medical Technology: Universities and Industry*, pp. 41–66, National Academy Press, 1995.

[Spin00] K. Spinnler, A. Kuleschow, M. Flachmann, R. Schmidt, T. Wittenberg, und G. Helmreich. "Automatische Sichtprüfung von Bohrungen in hydraulischen Steuerelementen". In: *VDI Berichte Nr. 1572*, 2000.

[Søre02] M. S. Sørensen, A. B. Dobrzeniecki, P. Larsen, T. Frisch, J. Sporring, und T. A. Darvann. "The visible ear: a digital image library of the temporal bone.". *ORL*, Vol. 64(6), pp. 378–381, 2002.

[Stah65] J. Stahle und L. Högberg. "Laser and the Labyrinth: Some Preliminary Experiments on Pigeons.". *Acta Oto-Laryngologica*, Vol. 60, pp. 367–374, 1965.

[Stei07] H. Steigerwald. *Optical and opto-acoustic Diagnosis of Tissue Ablation during Ablation with a pulsed CO_2 Laser.* Diplomarbeit, Rheinische Friedrich-Wilhelms-Universität Bonn, 2007.

[Sten04] S. Stenfelt, N. Hato, und R. L. Goode. "Round window membrane motion with air conduction and bone conduction stimulation". *Hearing Research*, Vol. 198, pp. 10–24, 2004.

[Stop08a] S. Stopp. *Ein integriertes System für die Mund-, Kiefer- und Gesichtschirurgie und Implantologie.* Dissertation, Technische Universität München, 2008.

[Stop08b] S. Stopp, H. Deppe, und T. Lueth. "A new concept for navigated laser surgery.". *Lasers in Medical Science*, Vol. 23(3), pp. 261–266, 2008.

[Stop08c] S. Stopp, D. Svejdar, E. von Kienlin, H. Deppe, und T. C. Lueth. "A New Approach for Creating Defined Geometries by Navigated Laser Ablation Based on Volumetric 3-D Data". *IEEE Transactions On Biomedical Engineering*, Vol. 55(7), pp. 1872–1880, 2008.

[Tahe81] S. M. Taher, J. C. Ho, R. A. Harper, und J. L. Katz. "Low-temperature heat capacity of bone". *Journal Of Materials Science*, Vol. 16, pp. 3517–3518, 1981.

[Taka95] H. Takahashi, I. Honjo, I. Sando, und A. Takagi. "Orientation for cochlear implant surgery in cases with round window obstruction: a computer reconstruction study". Tech. Rep., Department of Otolaryngology, Kyoto University Japan, 1995.

[Tönn05] K. D. Tönnies. *Grundlagen der Bildverarbeitung*. Pearson Studium, 2005.

[Tols07] B. Tolsdorff, A. Petersik, B. Pflesser, A. Pommert, U. Tiede, R. Leuwer, und K. H. Höhne. "Preoperative simulation of bone drilling in temporal bone surgery". *International Journal of Computer Assisted Radiology and Surgery*, Vol. 2 Suppl. 1, pp. 160–161, 2007.

[Tolx08] T. Tolxdorff, J. Braun, T. M. Deserno, H. Handels, A. Horsch, und H.-P. Meinzer, Eds. *Bildverarbeitung für die Medizin 2008*. Springer, 2008.

[Turn04] D. V. Turnquist. "Vision correction with excimer lasers.". *Proc. IEEE Engineering in Medicine and Biology Society*, Vol. 7, p. 5120, 2004.

[Ugry04] N. Ugryumova, S. J. Matcher, und D. P. Attenburrow. "Estimation of bone-mineral density from OCT images". In: *Proc. SPIE Vol. 5316, Coherence Domain Optical Methods and Optical Coherence Tomography in Biomedicine VIII*, pp. 128–135, 2004.

[UKF08] Universitätsklinik für Hals-Nasen-Ohren-Heilkunde, Freiburg. "Ablauf einer CI-OP". online: http://www.uniklinik-freiburg.de/hno/live/hno-op/ci-op.html, Stand: 2008.

[VDI00] Verein Deutscher Ingeniere. "Bildverarbeitung im industriellen Einsatz". In: *VDI Berichte Nr. 1572*, 2000.

[Vers76] R. C. J. Verschueren. *The CO_2 laser in tumor surgery*. Dissertation, University of Groningen, 1976.

[Voll81] M. Vollrath und C. Schreiner. "Die Auswirkung des Argonlasers auf das Innenohr in der Stapeschirurgie". *European Archives of Oto-Rhino-Laryngology*, Vol. 231, pp. 733–738, 1981.

[vHän04] C. von Hänisch. *Osteogenese nach Laserosteotomie mit einem CO2-Laser im Vergleich zur Osteotomie mit konventioneller Sägetechnik - eine tierexperimentelle Studie*. Dissertation, Tierärztliche Fakultät der Ludwig-Maximilians-Universität München, 2004.

[Wach98] A. Wachter und H. Hoeber. *Repetitorium theoretische Physik*. Springer, 1998.

[Walc00] C. Walch, M. Moser, W. Anderhuber, und W. Koele. "91dB Hörverlust - die Schwelle zum "Cochlear Implant"?". *HNO*, Vol. 48, pp. 828–831, 2000.

[Wang00] Z. Wang und Y. Jiang. "Cochlear microendoscopy and CO_2 laser vaporization during cochlear implantation.". In: *Advances in Oto-Rhino-Laryngology: Updates in Cochlear Implantation.*, pp. 106–108, Karger, 2000.

[Wang06] Z. Wang, A. K. Devalah, L. Feng, U. Dasai, G. Shapira, O. Weisberg, D. S. Torres, und S. M. Shapshay. "Fiber-Guided CO_2 Laser Surgery in an Animal Model". *Photomedicine and Laser Surgery*, Vol. 24(5), pp. 646–650, 2006.

[Wang96] M. Y. Wang, C. R. Maurer, J. M. Fitzpatrick, und R. J. Maciunas. "An automatic technique for finding and localizing externally attached markers in CT and MR volume images of the head". *IEEE Transactions on Biomedical Engineering*, Vol. 43(6), pp. 627–637, 1996.

[Weib99] G. Weibrich, U. Wahlmann, M. Kunkel, T. Reichert, und W. Wagner. "Gewebeschädigung und -regeneration nach Laseranwendung unter Verwendung unterschiedlicher Scanning-Systeme". *Mund-, Kiefer- und Gesichtschirurgie*, Vol. 3, pp. 200–204, 1999.

[Wein98] S. Weiner und H. D. Wagner. "THE MATERIAL BONE: Structure-Mechanical Function Relations". *Annual Review of Materials Science*, Vol. 28, pp. 271–298, 1998.

[Weit04] D. A. Weitz. "Packing in the Spheres". *Science*, Vol. 303, pp. 968–969, 2004.

[Wern05] M. Werner, S. Afilal, M. Ivanenko, M. Klasing, und P. Hering. "Laserosteotomie mit gepulsten CO_2-Lasern". In: *Aktuelle Methoden der Laser- und Medizintechnik*, pp. 275–280, VDE, 2005.

[Wern06] M. Werner. *Ablation of hard biological tissue and osteotomy with pulsed CO_2 lasers.* Dissertation, Heinrich-Heine-Universität Düsseldorf, 2006.

[Wern07a] M. Werner, M. Ivanenko, D. Harbecke, M. Klasing, H. Steigerwald, und P. Hering. "CO_2 laser milling of hard tissue". In: *Proc. SPIE Vol. 6435, Optical Interactions with Tissue and Cells XVIII*, 2007.

[Wern07b] M. Werner, M. Klasing, M. Ivanenko, D. Harbecke, H. Steigerwald, und P. Hering. "CO_2 laser free-form processing of hard tissue". In: *Proc. SPIE Vol. 6632, Therapeutic Laser Applications and Laser-Tissue Interactions III*, 2007.

[Wern07c] M. Werner, M. Klasing, U. Endesfelder, R. Krieg, D. Harbecke, und P. Hering. "Bearbeitung biologischen Hartgewebes mit gepulsten CO_2-Lasern". *LaserZahnheilkunde*, Vol. 4, pp. 223–229, 2007.

[West00] J. B. West und J. M. Fitzpatrick. "Point-based rigid registration: clinical validation of theory". In: *Proc. SPIE Vol. 3979, Medical Imaging*, pp. 353–359, 2000.

[Whit08] B. R. Whiting, T. A. Holden, B. S. Brunsden, C. C. Finley, und M. W. Skinner. "Use of Computed Tomography Scans for Cochlear Implants". *Journal of Digital Imaging*, Vol. 21(3), pp. 323–328, 2008.

[Wörn05a] H. Wörn und U. Brinkschulte. *Echtzeitsysteme.* Springer, 2005.

[Wörn05b] H. Wörn, H. Peters, M. Ivanenko, und P. Hering. "LASER Based Osteotomy with Surgical Robots". *Biomedizinische Technik*, Vol. 50 Suppl. 1, pp. 25–26, 2005.

[Yash06] Y. Yashkir. “Micromachining glass with a femtosecond laser”. Tech. Rep., The International Society for Optical Engineering, 2006.

[Yoo04] T. S. Yoo. *Insight into images.* Peters, 2004.

[Yun03] L. Yun, Y. Yungqing, und W. Zhen. “A Sphere-Packing Model for the Optimal Treatment Plan”. *The UMAP Journal*, Vol. 24(3), pp. 339–350, 2003.

[Yun06] S. H. Yun. “Optical coherence tomography using rapidly swept lasers.”. *Proc. IEEE Engineering in Medicine and Biology Society*, pp. 125–128, 2006.

[Zahn03] T. Zahnert. “Laser in der Ohrforschung”. *Laryngo-Rhino-Otologie*, Vol. 82, pp. 157–180, 2003.

[Zare61] M. M. Zaret, G. M. Breinin, H. Schmidt, H. Ripps, I. M. Siegel, und L. R. Solon. “Ocular lesions produced by an optical maser (laser).”. *Science*, Vol. 134, pp. 1525–1526, 1961.

[Zenn97a] H. Zenner und H. Leysieffer. “Aktive elektronische Hörimplantate für Mittel- und Innenohrschwerhörige - eine neue Ära der Ohrchirurgie - Teil 1”. *HNO*, Vol. 45, pp. 749–757, 1997.

[Zenn97b] H. Zenner und H. Leysieffer. “Aktive elektronische Hörimplantate für Mittel- und Innenohrschwerhörige - eine neue Ära der Ohrchirurgie - Teil 2 Gegenwärtiger Entwicklungsstand”. *HNO*, Vol. 45, pp. 758–768, 1997.

[Zenn97c] H. Zenner und H. Leysieffer. “Aktive elektronische Hörimplantate für Mittel- und Innenohrschwerhörige - eine neue Ära der Ohrchirurgie - Teil 3 Perspektiven für Innenohrschwerhörige”. *HNO*, Vol. 45, pp. 769–774, 1997.

[Zhan06] J. Zhang, K. Xu, N. Simaan, und S. Manolidis. “A Pilot Study of Robot-Assisted Cochlear Implant Surgery Using Steerable Electrode Arrays”. In: *Proc. Medical Image Computing and Computer-Assisted Intervention*, pp. 33–40, 2006.

[Zimm02] M. Zimmermann, R. Krishnan, A. Raabe, und V. Seifert. “Robot-assisted navigated neuroendoscopy”. *Neurosurgery*, Vol. 51(6), pp. 1446–1452, 2002.

[Zimm93] P. Zimmermann. “Entwicklungslinien der Hörtheorie”. *NTM Zeitschrift für Geschichte der Wissenschaften, Technik und Medizin*, Vol. 1(1), pp. 19–36, 1993.

[Zou01] J. Zou, P. Bretlau, I. Pyykk, J. Starck, und E. Toppila. “Sensorineural hearing loss after vibration: an animal model for evaluating prevention and treatment of inner ear hearing loss”. *Acta Oto-Laryngologica*, Vol. 121(2), pp. 143–148, 2001.

[Zrun85] M. Zrunek und K. Burian. “Risk of Basilar Membrane Perforation by Intracochlear Electrodes”. *European Archives of Oto-Rhino-Laryngology*, Vol. 242, pp. 295–299, 1985.

Abkürzungsverzeichnis

2D zweidimensional
3D dreidimensional
BV Bildverarbeitung
CAD Computer-aided Design
CCD Charged Coupled Devices
CE Codeelement
CI Cochleaimplantat, -implantation
CMOS Complementary Metal Oxide Semiconductor
CO_2 Kohlenstoffdioxid
CSC Color-Structure-Code
CT Computertomographie
DIN Deutsche Industrienorm
FLE Fiducial Localization Error
FRE Fiducial Registration Error
HF Hochfrequenz
HNO Hals-Nasen-Ohren-Heilkunde
HSI Hue, Saturation, Intensity
HSC Hierarchischer Struktur Code
HSV Hue, Saturation, Value
IPR Institut für Prozessrechentechnik, Automation und Robotik
ITK Insight Segmentation and Registration Toolkit
LAN Local Area Network
Laser Light amplification by stimulated emission of radiation
MRT Magnetresonanztomographie
NP Nondeterministic Polynomial-Time
OCT Optische Kohärenztomographie
OP Operation
OpenCV Open Source Computer Vision Library
PC Personal Computer

RGB	Rot, Grün, Blau
ROI	Region of interest
SCE	Subcodeelement
TEM	Transversal elektromagnetische Wellen
TH	Technische Hochschule
TRE	Target Registration Error
USB	Universal Serial Bus

Lebenslauf

Beruflicher und wissenschaftlicher Werdegang

Juni 1994	Allgemeine Hochschulreife
August 1994 - Oktober 1995	Zivildienst
Oktober 1995	Aufnahme des Physikstudiums an der Universität Bremen
Dezember 2002	Diplom in Physik an der Universität Bremen
April 2003 - März 2009	Wissenschaftlicher Mitarbeiter am Institut für Prozessrechentechnik, Automation und Robotik der Universität Karlsruhe (TH)